Forschung und Praxis

Band 286

Berichte aus dem
Fraunhofer-Institut für Produktionstechnik und Automatisierung (IPA), Stuttgart,
Fraunhofer-Institut für Arbeitswirtschaft und Organisation (IAO), Stuttgart,
Institut für Industrielle Fertigung und Fabrikbetrieb der Universität Stuttgart und
Institut für Arbeitswissenschaft und Technologiemanagement, Universität Stuttgart

Herausgeber: H. J. Warnecke, E. Westkämper
und H.-J. Bullinger

Springer

Berlin
Heidelberg
New York
Barcelona
Budapest
Hongkong
London
Mailand
Paris
Singapur
Tokio

Karl-Borries Bark

Adhäsives Greifen von kleinen Teilen mittels niedrigviskoser Flüssigkeiten

mit 58 Abbildungen

Dr.-Ing. Karl-Borries Bark
Fraunhofer-Institut für Produktionstechnik und Automatisierung (IPA), Stuttgart

Prof. Dr.-Ing. Dr. h. c. mult. H. J. Warnecke
o. Professor an der Universität Stuttgart
Präsident der Fraunhofer-Gesellschaft, München

Prof. Dr.-Ing. Dr. h. c. E. Westkämper
o. Professor an der Universität Stuttgart
Fraunhofer-Institut für Produktionstechnik und Automatisierung (IPA), Stuttgart

Prof. Dr.-Ing. habil. Prof. e. h. Dr. h. c. H.-J. Bullinger
o. Professor an der Universität Stuttgart
Fraunhofer-Institut für Arbeitswirtschaft und Organisation (IAO), Stuttgart

D 93

ISBN-13: 978-3-540-65638-8 e-ISBN-13: 978-3-642-47974-8
DOI: 10.1007/978-3-642-47974-8

Gesamtherstellung: Copydruck GmbH, Heimsheim
SPIN 10716417 62/3020–5 4 3 2 1 0

Geleitwort der Herausgeber

Über den Erfolg und das Bestehen von Unternehmen in einer marktwirtschaftlichen Ordnung entscheidet letztendlich der Absatzmarkt. Das bedeutet, möglichst frühzeitig absatzmarktorientierte Anforderungen sowie deren Veränderungen zu erkennen und darauf zu reagieren.

Neue Technologien und Werkstoffe ermöglichen neue Produkte und eröffnen neue Märkte. Die neuen Produktions- und Informationstechnologien verwandeln signifikant und nachhaltig unsere industrielle Arbeitswelt. Politische und gesellschaftliche Veränderungen signalisieren und begleiten dabei einen Wertewandel, der auch in unseren Industriebetrieben deutlichen Niederschlag findet.

Die Aufgaben des Produktionsmanagements sind vielfältiger und anspruchsvoller geworden. Die Integration des europäischen Marktes, die Globalisierung vieler Industrien, die zunehmende Innovationsgeschwindigkeit, die Entwicklung zur Freizeitgesellschaft und die übergreifenden ökologischen und sozialen Probleme, zu deren Lösung die Wirtschaft ihren Beitrag leisten muß, erfordern von den Führungskräften erweiterte Perspektiven und Antworten, die über den Fokus traditionellen Produktionsmanagements deutlich hinausgehen.

Neue Formen der Arbeitsorganisation im indirekten und direkten Bereich sind heute schon feste Bestandteile innovativer Unternehmen. Die Entkopplung der Arbeitszeit von der Betriebszeit, integrierte Planungsansätze sowie der Aufbau dezentraler Strukturen sind nur einige der Konzepte, welche die aktuellen Entwicklungsrichtungen kennzeichnen. Erfreulich ist der Trend, immer mehr den Menschen in den Mittelpunkt der Arbeitsgestaltung zu stellen - die traditionell eher technokratisch akzentuierten Ansätze weichen einer stärkeren Human- und Organisationsorientierung. Qualifizierungsprogramme, Training und andere Formen der Mitarbeiterentwicklung gewinnen als Differenzierungsmerkmal und als Zukunftsinvestition in *Human Resources* an strategischer Bedeutung.

Von wissenschaftlicher Seite muß dieses Bemühen durch die Entwicklung von Methoden und Vorgehensweisen zur systematischen Analyse und Verbesserung des Systems Produktionsbetrieb einschließlich der erforderlichen Dienstleistungsfunktionen unterstützt werden. Die Ingenieure sind hier gefordert, in enger Zusammenarbeit mit anderen Disziplinen, z. B. der Informatik, der Wirtschaftswissenschaften und der Arbeitswissenschaft, Lösungen zu erarbeiten, die den veränderten Randbedingungen Rechnung tragen.

Die von den Herausgebern langjährig geleiteten Institute, das

- Institut für Industrielle Fertigung und Fabrikbetrieb der Universität Stuttgart (IFF),
- Institut für Arbeitswissenschaft und Technologiemanagement (IAT),
- Fraunhofer-Institut für Produktionstechnik und Automatisierung (IPA),
- Fraunhofer-Institut für Arbeitswirtschaft und Organisation (IAO)

arbeiten in grundlegender und angewandter Forschung intensiv an den oben aufgezeigten Entwicklungen mit. Die Ausstattung der Labors und die Qualifikation der Mitarbeiter haben bereits in der Vergangenheit zu Forschungsergebnissen geführt, die für die Praxis von großem Wert waren. Zur Umsetzung gewonnener Erkenntnisse wird die Schriftenreihe „IPA-IAO - Forschung und Praxis" herausgegeben. Der vorliegende Band setzt diese Reihe fort. Eine Übersicht über bisher erschienene Titel wird am Schluß dieses Buches gegeben.

Dem Verfasser sei für die geleistete Arbeit gedankt, dem Springer-Verlag für die Aufnahme dieser Schriftenreihe in seine Angebotspalette und der Druckerei für saubere und zügige Ausführung. Möge das Buch von der Fachwelt gut aufgenommen werden.

H. J. Warnecke E. Westkämper H.-J. Bullinger

Vorwort

Die vorliegende Arbeit entstand während meiner Tätigkeit als wissenschaftlicher Mitarbeiter am Fraunhofer-Institut für Produktionstechnik und Automatisierung (IPA), Stuttgart.

Mein besonderer Dank gilt Herrn Prof. Dr.-Ing. Dr. h.c. E. Westkämper, Leiter des Fraunhofer-Instituts für Produktionstechnik und Automatisierung (IPA), Stuttgart, für seine großzügige Unterstützung und Förderung, die zur erfolgreichen Durchführung dieser Arbeit beigetragen hat.

Herrn Prof. Dr.-Ing. Sandmaier danke ich für die Übernahme des Mitberichts und die eingehende Durchsicht der Arbeit.

Herrn Professor R.-D. Schraft und Herrn Dr.-Ing. M. Schweizer sowie allen Kollegen und Studenten am Institut, die mich durch ihre Mitarbeit und konstruktive Kritik unterstützt haben, danke ich an dieser Stelle. Vor allem die Anregungen von Herrn Dr.-Ing. W.-D. Schneider, Herrn Dr.-Ing. T. Weisener und Herrn Dr.-Ing. G. Vögele waren für mich sehr wertvoll.

Ganz besonders aber danke ich meinen Eltern für die stete Förderung und Unterstützung sowie meiner Frau Angelika für das Verständnis und die Geduld, mit denen sie das Entstehen dieser Arbeit begleitet hat.

Rottweil, Oktober 1998 — Karl-Borries Bark

Inhaltsverzeichnis

0 Abkürzungen und Formelzeichen

Großbucnstaben

A_{Bt}	mm²	Flächeninhalt Grifffläche, Bauteiloberfläche
A_{Greif}	mm²	Flächeninhalt Greiffläche
A_{rel}	%	Anteil der überdeckten Fläche an der Gesamtfläche
B_N	-	Normierter Krümmungsradius des Tropfens
CCD	-	Charged Coupled Device
DI	-	Deionisiert
F	N	Kraft
F_{Abh}	N	Abhebekraft
F_{Abl}	N	Ablösekraft
F_{Adh}	N	Adhäsionskraft
F_{Bt-Fs}	N	Kraft zwischen Bauteil und Fügestelle
F_{Halte}	N	Haltekraft
F_k	N	Kapillarkraft
F_{Zentr}	N	Zentrierkraft
G_{Adh}	N	Gewichtskraft des Adhäsivs
G_{Bt}	N	Gewichtskraft des Bauteils
LIGA	-	Röntgentiefen**li**thographie **G**alvanik **A**bformung
M	g/mol	Molmasse
MAK	-	Maximale Arbeitsplatz Konzentration
P	kPa	Dampfdruck
PC	-	Personal Computer
PTFE	-	Polytetrafluorethylen (Teflon)
R_1	mm	1. Hauptkrümmungsradius der Spannungsfläche
R_2	mm	2. Hauptkrümmungsradius der Spannungsfläche
R_i	J/(kg·K)	Individuelle Gaskonstante des Mediums i
R_Z	µm	Gemittelte Rauhtiefe
$R_{Z, Greif}$	µm	Rauhtiefe Greiffläche
$R_{Z, Bt}$	µm	Rauhtiefe Grifffläche
REM	-	Raster Elektronen Mikroskop
S_N	-	Normierte Bogenlänge des Tropfens
Si	-	Silizium
SMA	-	Shape Memory Alloy (Formgedächtnislegierung)
SPS	-	Speicherprogrammierbare Steuerung
US	-	Ultraschall
V	mm³	Dosiertes Volumen

V_1	mm^3	Dosiertes Volumen bei Erreichen des Greiferrandes
V_{max}	mm^3	Maximales Volumen des Tropfens vor dem Abfallen
V_N	-	Normiertes Volumen
V_{Spalt}	mm^3	Volumen zwischen Greiffläche und Griffläche
X_N	-	Normierte radiale Entfernung von der Symmetrieachse
Z_N	-	Normierte vertikale Entfernung vom Scheitelpunkt des Tropfens

Kleinbuchstaben

a	mm	Abstand der Greiffläche zum Bauteil, effektiver Greifabstand, charakteristische Länge
a_0	mm	Theoretischer Greifabstand
a_{min}	mm	Minimaler Abstand zwischen Greiffläche und Griffläche
a_{max}	mm	Maximaler Abstand zwischen Greiffläche und Griffläche
b_{Tr}	mm	Krümmungsradius des Tropfens am Scheitelpunkt
c	mm^{-2}	Kapillaritätskonstante
d	mm	Durchmesser
d_x	mm	Abmessung in x-Richtung
$d_{x, Greif}$	mm	Abmessung der Greiffläche in x-Richtung
$d_{x, Bt}$	mm	Abmessung der Griffläche in x-Richtung
d_y	mm	Abmessung in y-Richtung
$d_{y, Greif}$	mm	Abmessung der Greiffläche in y-Richtung
$d_{y, Bt}$	mm	Abmessung der Griffläche in y-Richtung
g	m/s^2	Erdbeschleunigung
h	mm	Höhe des dosierten Tropfens
h_0	mm	Theoretische Höhe des dosierten Tropfens
h_1	mm	Höhe des dosierten Tropfens beim Erreichen des Greiferrandes
h_{max}	mm	Maximale Höhe des dosierten Tropfens
h_{mSk}	mm	Tropfenhöhe unter Berücksichtigung der Schwerkraft
h_{oSk}	mm	Tropfenhöhe unter Vernachlässigung der Schwerkraft
m	g	Masse
m_{Adh}	g	Masse des dosierten Tropfens
m_{Bt}	g	Masse des Bauteils
n	-	Anzahl
p	Pa	Druck
p_a	Pa	Druck außerhalb der Flüssigkeitsbrücke
p_{Hyd}	Pa	Hydrostatischer Druck im Inneren der Flüssigkeitsbrücke
p_i	Pa	Druck im Inneren der Flüssigkeitsbrücke

p_k	Pa	Kapillardruck
$\overline{p_k}$	-	Bezogener Kapillardruck
r	mm	Radius
r_1	mm	Radius des dosierten Tropfens bei Erreichen des Greiferrandes
r_{Ers}	mm	Ersatzradius
r_{Greif}	mm	Radius des Greifers
s	mm	Weg
s_{Tr}	mm	Bogenlänge der Tropfenkontur
t	s	Zeit
w	m/s	Verfahrgeschwindigkeit
$\dot{w}$	m/s^2	Beschleunigung
x	mm	Erste kartesische Koordinate
x_0	mm	Radius der Flüssigkeitsbrücke an der schmalsten Stelle
x_{Tr}	mm	Radiale Entfernung der Tropfenkontur von der Symmetrieachse
y	mm	Zweite kartesische Koordinate
z	mm	Dritte kartesische Koordinate
z_{Bt}	mm	Höhe Bauteil
z_{Tr}	mm	Vertikale Entfernung vom Scheitelpunkt des Tropfens

Griechische Buchstaben

α	°	Randwinkel allgemein
α_a	°	Dynamischer Vorrückrandwinkel
α_{Bt}	°	Randwinkel zwischen Adhäsiv und Bauteil
α_{Greif}	°	Randwinkel zwischen Adhäsiv und Greifer
α'	°	Randwinkel zwischen Adhäsiv und Greifer nach Benetzung des Greiferrandes
β	°	Verkippungswinkel des Bauteils zur Greiffläche
γ	N/m	Grenzflächenspannung
γ_{gl}	N/m	Grenzflächenspannung gasförmig - flüssig
γ_{gs}	N/m	Grenzflächenspannung gasförmig - fest
γ_{sl}	N/m	Grenzflächenspannung fest - flüssig
δ	mm^2/s	Diffusionskoeffizient Adhäsiv
η	$Pa \cdot s$	Dynamische Viskosität
ϑ	°C	Temperatur
κ	°	Verdrehung zwischen Greifer und Bauteil in der x, y-Ebene
μ	$1/10^{-30}$ Cm	Dipolmoment
ξ	-	Dritte kartesische Koordinate, normiert
π	-	Kreiszahl

ρ_{Adh}	kg/m³	Dichte des Adhäsivs
σ_{Abl}	µm	Standardabweichung der Ablegeposition
χ	-	Korrekturfaktor
ψ	-	Erste kartesische Koordinate, normiert
ψ_0	-	Normierter Radius der Flüssigkeitsbrücke an der schmalsten Stelle
Δ_{max}	µm	Maximale Abweichung der Ablegeposition vom Sollwert
Δ_{Sp}	µm	Spannbreite der Ablegeposition
Δd	µm	Differenz Kantenlänge Greiffläche zu Grifffläche
Δh_{abs}	mm	Absolute Differenz der Tropfenhöhe mit und ohne Schwerkraft
Δh_{rel}	%	Relative Differenz der Tropfenhöhe mit und ohne Schwerkraft
Δp_K	Pa	Differenz zwischen realem und berechnetem Kapillardruck
Δx	mm	Versatz des Bauteils zum Greifer in x-Richtung
Δy	mm	Versatz des Bauteils zum Greifer in y-Richtung
Δz_{Adh}	mm	Toleranz der Tropfenhöhe
Δz_{Mont}	mm	Toleranz des Montagesystems in z-Richtung
ΔF	N	Differenz zwischen realer und berechneter Abhebekraft
$\Delta\gamma$	N/m	Veränderung der Grenzflächenspannung
$\Delta\vartheta$	°C	Temperaturdifferenz
Θ	°	Winkel der Tropfenoberfläche zur Horizontalen

<u>Häufig eingesetzte Indizes</u>

g	Gas (gas)
k	Kapillar
l	Flüssigkeit (liquid)
max	Maximal
min	Minimal
s	Feststoff (solid)
Adh	Adhäsionsflüssigkeit
Bt	Bauteil
Greif	Greifer

1 Einleitung

1.1 Problemstellung

Die Mikrosystemtechnik gilt als eine der Schlüsseltechnologien für das nächste Jahrhundert [Büttgenbach 1995, Ehrfeld 1995, Möllendorf 1995] mit einer wachsenden Anzahl an Produkten [Sandmaier 1996]. Die Tendenz der aktuellen Entwicklungen geht deutlich weg von monolithischen Mikrosystemen auf Siliziumbasis hin zu komplexen hybriden Mikrosystemen [Schomburg 1994, Dario 1994, Hesselbach 1995a], für die Fertigungstechnologien für kleine bis mittlere Stückzahlen entwickelt werden [Warnecke 1995 , Westkämper 1996]. Hybride Mikrosysteme werden derzeit zum größten Teil manuell montiert, da Standardlösungen für die automatisierte Montage bisher nur ansatzweise entwickelt sind [Haag 1990, Wallrabe 1991]. Die automatisierte Montage von Mikrosystemen ist aber aus wirtschaftlichen und qualitativen Gesichtspunkten unabdingbare Voraussetzung für die erfolgreiche Entwicklung dieser Technologie.

Eines der Schlüsselprobleme in der automatisierten Montage von Mikrosystemen ist die Greifertechnik, wie die Umfrageergebnisse in Bild 1.1 zeigen, doch auch in der Feinwerktechnik und Elektronik wächst der Bedarf an Greiftechnologien aufgrund des Kostendrucks und der Miniaturisierung.

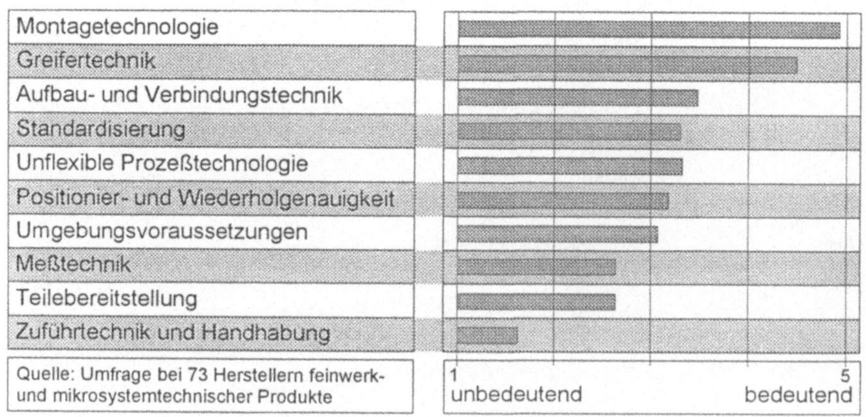

Bild 1.1: Produktionstechnische Haupthemmnisse in der Mikrosystemtechnik

Die Nutzung von Adhäsionskräften ist als erfolgversprechender Ansatz zum Greifen kleiner Teile zu betrachten, die durch große Oberflächen relativ zu ihrem Gewicht gekennzeichnet sind [Hesse 1991, Henschke 1994a]. Der breite Einsatz von adhäsiven Greifsystemen scheiterte bisher allerdings an unterschiedlichen Problemen. Die Verwendung niedrigviskoser Adhäsive wird aufgrund der schwierigen technischen Kontrollierbarkeit beim Ablösen des Bauteils vom Greifer ausgeschlossen.

1.2 Zielsetzung

Das Ziel dieser Arbeit ist, den eng begrenzten Umfang wissenschaftlicher Lösungsansätze und Grundlagen des adhäsiven Greifens von feinwerktechnischen und mikrosystemtechnischen Bauteilen mit niedrigviskosen Flüssigkeiten zu erweitern. So sollen systematisch Grundlagen und Methoden zum adhäsiven Greifen mit niedrigviskosen Flüssigkeiten, insbesondere signifikante Prozeßparameter sowie die Vorgänge beim Aufnehmen und Ablösen der Teile, erarbeitet werden. Neben den theoretischen Grundlagen soll die technische Machbarkeit der entwickelten Verfahren und Werkzeuge in einer Versuchsanlage nachgewiesen und somit eine schnelle Umsetzung der Ergebnisse in die betriebliche Praxis gewährleistet werden.

1.3 Vorgehensweise

Ausgehend von einer Analyse des Stands der heute eingesetzten Greiftechniken wird die Montageaufgabe hinsichtlich Produktspektrum, Teilegeometrien, Fügetoleranzen und Automatisierungshemmnissen untersucht. Aus dem Ergebnis der Analyse werden die Anforderungen an ein adhäsives Greifsystem abgeleitet.

Auf einer theoretischen Betrachtung des adhäsiven Greifens mit niedrigviskosen Flüssigkeiten aufbauend werden Modelle zur Beschreibung des Verfahrens entwikkelt. Basierend auf den theoretischen Grundlagen und den aus der Analyse abgeleiteten Anforderungen werden Lösungskonzepte für die Greiferteilsysteme erarbeitet.

Die Greiferteilsysteme werden entwickelt und im Hinblick auf die aus der Analyse abgeleiteten Anforderungen untersucht. Dazu werden die zulässigen Systemparameter aufgrund der mathematischen Modelle festgelegt. Das Prozeßfenster für die Haupteinflußparameter wird abgeleitet und im Anschluß experimentell verifiziert. Dadurch wird die Grundlage für eine optimale Auslegung von Werkzeugen und Verfahren für das adhäsive Greifen mit niedrigviskosen Flüssigkeiten geschaffen. Anschließend wird das Zusammenwirken der Teilsysteme und die technische Einsetzbarkeit des adhäsiven Greifers in einer Pilotmontageanlage nachgewiesen.

2 Ausgangssituation

2.1 Begriffe und Definitionen

Begriffe und fachspezifische Ausdrücke, die für das allgemeine Verständnis der Arbeit von Bedeutung sind, werden im folgenden erläutert und gegebenenfalls ergänzend definiert.

Ein mikrosystemtechnisches Produkt im klassischen Sinne ist gekennzeichnet durch die Integration von Sensorik, Aktorik und Signalverarbeitung in einem Bauteil [Möllendorf 1995, Kergel 1995] sowie durch Baugrößen, die sich zwischen der Halbleitertechnik und klassischer Feinmechanik befinden. Die Grenze zwischen höchst integrierten feinwerktechnischen Bauteilen, elektronischen Komponenten und nach mikrosystemtechnischen Fertigungsverfahren hergestellten Bauteilen ist allerdings fließend, so daß der Terminus "mikrosystemtechnisch" im erweiterten Sinne für miniaturisierte, feinwerktechnische, mikromechanische und mikroelektronische Komponenten gebraucht wird.

Zur Festlegung einer einheitlichen Nomenklatur sind im folgenden einige wesentliche physikalische Begriffe aus der Grenzflächentechnik erläutert bzw. definiert.

Als Viskosität wird die Zähigkeit, d. h. die innere Reibung von Gasen und Flüssigkeiten bezeichnet. Je geringer die Viskosität ist, desto dünnflüssiger ist das Medium [Eck 1978, Moore 1983]. Als niedrigviskos werden Flüssigkeiten mit einer dynamischen Viskosität $\eta \leq 3$ mPa·s bezeichnet. Dieser Bereich beinhaltet den größten Teil der organischen Lösungsmittel sowie Wasser.

Berühren sich drei nicht mischbare Phasen, so entsteht ein Drei-Phasen-System [Stroppe 1990] mit einer Dreiphasengrenzlinie. Berührt die Dreiphasengrenzlinie einen Festkörper und setzt man voraus, daß die Grenzfläche fest/fluid isotrop und homogen sowie die Festkörpergrenzfläche ideal-glatt und ideal-starr ist, so läßt sich ein Kräftegleichgewicht aufstellen (siehe Bild 2.1), aus dem die Young'sche Gleichung folgt [Neumann 1974, Adamson 1982].

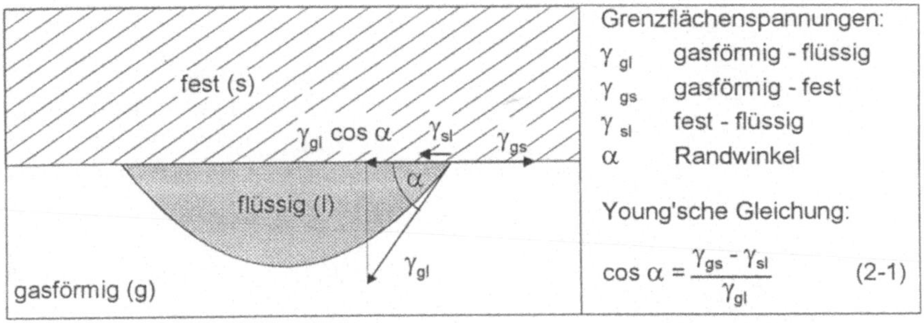

Bild 2.1: Schnitt durch die Spannungsflächen eines Systems aus Feststoff (s), Flüssigkeit (l) und Gas (g) zur Herleitung der Young'schen Gleichung

Als Kohäsion wird der Zusammenhalt der Moleküle eines einheitlichen Stoffes durch zwischenmolekulare Anziehungskräfte, Kohäsionskräfte, bezeichnet [Moore 1983].

Unter Adhäsion wird das Aneinanderhaften von Körpern aus unterschiedlichen Stoffen verstanden. Ursache der Adhäsion sind die molekularen Anziehungskräfte, die sogenannten Adhäsionskräfte, an den Berührungsflächen [Adamson 1982, Bischof 1983, Hering 1989].

Sind die Adhäsionskräfte in einem Dreistoffsystem kleiner als die Kohäsionskräfte der einzelnen Phasen, so wird die Grenzfläche bei Krafteinleitung zwischen den einzelnen Phasen unterbrochen und es entsteht ein sogenannter Adhäsionsbruch. Als Kohäsionsbruch wird bezeichnet, wenn die Adhäsionskräfte zwischen den einzelnen Phasen des Dreistoffsystems größer als die Kohäsionskräfte sind und der Abriß innerhalb der einzelnen Phasen erfolgt. Dies bedeutet, daß beim Kohäsionsbruch immer Reste einer Phase auf der anderen verbleiben [Zisman 1964, Brockmann 1975].

Bei niedrigviskosen Flüssigkeiten sind die Adhäsionskräfte in der Regel wesentlich größer als die Kohäsionskräfte [Zisman 1964], so daß im Fall des in Bild 2.1 dargestellten Dreiphasensystems Reste der Flüssigkeit auf der festen Phase verbleiben. Für das adhäsive Greifen bedeutet dies, daß nach dem Ablösen des Bauteils von der Greiffläche Reste des Adhäsivs auf der Bauteiloberfläche verbleiben.

Die Begriffe und geometrischen Größen des adhäsiven Greifers sind in Bild 2.2 dargestellt.

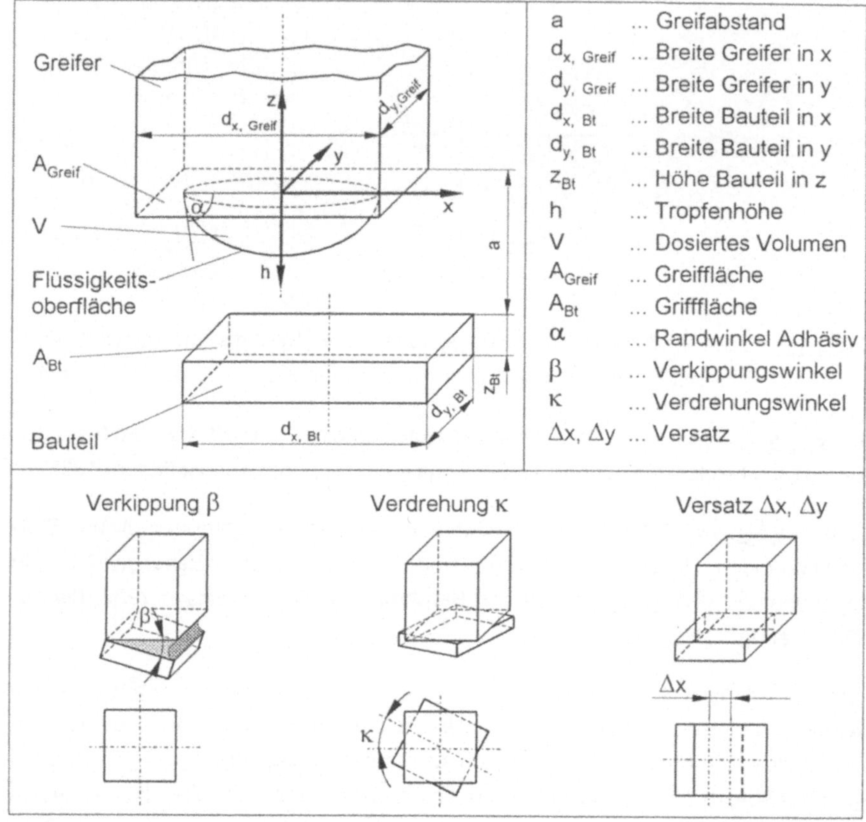

Bild 2.2: Definition von Begriffen und geometrischen Größen beim adhäsiven Greifsystem

Die Tropfenhöhe h ist die maximale Ausdehnung des dosierten Adhäsivtropfens in Richtung der z-Achse. Der Greifabstand a ist der minimale Abstand in z-Richtung zwischen Greiffläche und Griffläche, bevor das Bauteil an die Griffläche gezogen wird. Der Verkippungswinkel β ist der Winkel um die x- bzw. y-Achse, der sich durch das dosierte Flüssigkeitsvolumen zwischen Greifer und Bauteil einstellt. Die Verdrehung κ ist der Winkel, um den das Bauteil gegen den Greifer um die z-Achse verdreht ist. Als Versatz Δx, Δy wird die Strecke bezeichnet, um die der Bauteilmittelpunkt vom Greifermittelpunkt in der x, y-Ebene versetzt ist.

Unter der Greifbedingung wird die geometrische Voraussetzung verstanden, damit die Flüssigkeitsoberfläche des dosierten Adhäsivs die Griffläche berührt und so eine Benetzung der Griffläche erfolgen kann. Bei erfolgter Benetzung bildet sich eine Flüssigkeitsbrücke zwischen Greiffläche und Grifffläche aus. Eine kennzeichnende Größe der Flüssigkeitsbrücke ist der Kapillardruck p_K, der folgendermaßen definiert ist:

$p_K = p_i - p_a$ mit

p_K Kapillardruck,
p_i Druck im Inneren der Flüssigkeitsbrücke,
p_a Druck außerhalb der Flüssigkeitsbrücke.

Der Kapillardruck p_K bewirkt die Kapillarkraft F_K, die beim adhäsiven Greifen mit niedrigviskosen Flüssigkeiten neben der Adhäsionskraft F_{Adh} wesentlicher Bestandteil der Abhebekraft F_{Abh} ist.

2.2 Stand der Technik

2.2.1 Greifsysteme für die automatisierte Montage von feinwerktechnischen, elektronischen und mikrosystemtechnischen Bauteilen

Die automatisierte Montage kann in der Feinwerktechnik derzeit nur bei hohen Stückzahlen wirtschaftlich durchgeführt werden [Schweigert 1994]. Da die Toleranzanforderungen oft im Bereich zwischen 0,1 µm bis zu 20 µm liegen [Zühlke 1996], sind für die manuelle Montage bei kleinen bis mittleren Stückzahlen geeignete Seh- und Handhabungshilfen nötig. Die zu montierenden Produkte verkleinern sich allerdings immer mehr, wodurch die manuellen Verfahren an Grenzen stoßen, so daß auch für kleine Losgrößen eine zumindest teilautomatisierte Montage notwendig wird.

Bekannte Beispiele feinwerktechnischer Produkte für die industriell automatisierte Montage sind ein fünfstufiges Planetengetriebe und die Getriebemontage einer Uhr.

Zur automatisierten Montage eines fünfstufigen Planetengetriebes mit einem Außendurchmesser von 8 mm wird ein elektromotorisch angetriebener mechanischer Zweibackengreifer eingesetzt [Zühlke 1996]. Die erodierten Greiferbacken sind teilespezifisch auf die zu greifenden Bauteile abgestimmt. Zur Feinpositionierung wird als aktiver Toleranzausgleich ein Bildverarbeitungssystem eingesetzt.

Bei der Präzisionsmontage des Uhrgetriebes einer Armbanduhr wird ein Vakuumsauggreifer verwendet, der für den passiven Toleranzausgleich bei der Vormontage des Getriebes im Greifer mit Biegelagern für drei translatorische und eine rotatorische Ausgleichbewegung um die Fügeachse versehen ist [Reinhart 1997]. Beim Fügen des Getriebes in die Trägerplatte ist ein empfindlicherer passiver Toleranzausgleich mittels einer Luftlagerung des Werkstückträgers realisiert. Die Rückstellkraft für die Zentrierung des Werkstückträgers erfolgt durch vier Permanentmagnetpaare und eine integrierte Wirbelstrombremse zur Dämpfung. Zur Lageerkennung der Bauteile in der Teilebereitstellung (Gel-Pak) wird ein Vision-System mit zwei Kameras für die Groblokalisation und die exakte Lageerfassung eingesetzt.

Aus diesen Beispielen wird deutlich, daß bei den verwendeten Greiftechniken sowohl für die Lageerkennung der kleinen Bauteile als auch für den Toleranzausgleich beim Fügen erheblicher technischer Aufwand notwendig ist.

In der automatisierten Montage von elektronischen Komponenten werden unterschiedliche Arten von Bestückungsköpfen mit integrierten Greifern verwendet. Die Bestückungsköpfe sind üblicherweise mit Vakuumgreifer, mechanischem Greifer oder einer Kombination aus Vakuum- und mechanischem Greifer ausgestattet und sehr flexibel bzgl. unterschiedlichen Bauteilen. Um die Flexibilität zu vergrößern, führen einige Bestückungsautomaten einen automatischen Werkzeugwechsel zur Anpassung an weitere Bauteilgeometrien durch.

Bestückungsköpfe mit mechanischen Greiferzangen zentrieren die Bauteile beim Aufnehmen und drehen sie während der Positionierung in die richtige Orientierung. Nachteilig wirkt sich dabei aus, daß die Greiferzangen beim Absetzen mit Lot oder Kleber verschmutzt werden können und dadurch weitere Greifvorgänge zu Bestükkungsfehlern führen können, sowie daß die räumliche Ausdehnung der Greiferzangen die Packungsdichte der Bauteile beschränkt.

Werden Bestückungsköpfe mit Vakuumgreifern eingesetzt, so ist zum Erreichen der geforderten Genauigkeit eine Zwischenstation erforderlich, bei der das Bauteil abgelegt und zentriert wird, bevor es endgültig plaziert wird. Dies führt zu einer großen Flexibilität bzgl. Bauteilformen und -größen, allerdings auch zu hohen Taktzeiten.

In der Mikrosystemtechnik werden neben monolithisch aufgebauten Systemen zunehmend hybride Systeme realisiert [Schomburg 1994, Dario 1994, Hesselbach 1995a, Beine 1995, Eversheim 1996].

Da sich kleine Bauteile auch ohne gegriffen zu werden bewegen lassen, werden in der Forschung einige Anstrengungen zur Montage von Mikroteilen ohne Greifer unternommen. Dabei werden elektrische Felder [Moesner 1995], Ultraschall [Kozuka 1996], sowie die Oberflächenspannung von Wasser [Hosokawa 1996] verwendet. Alle diese Verfahren sind derzeit am Anfang ihrer Entwicklung und jeweils nur für ein sehr eingeschränktes Teilespektrum und einfachste Fügebewegungen geeignet. Das Greifen der Einzelteile ist somit notwendige Voraussetzung zur Montage mikrosystemtechnischer Produkte.

Die Greifverfahren aus der Elektronikfertigung reichen nicht aus, um den komplexen Anforderungen bei der Montage hybrider mikrosystemtechnischer Komponenten gerecht zu werden [Hesselbach 1995b]. Es läßt sich beobachten, daß eine Vielzahl von Mikromanipulationssystemen und Mikrorobotern für die Mikromontage entwickelt wird [Suzumori 1991a, Fukuda 1992, Fukuda 1993, Olivier 1993, Morishita 1993, Mitsuishi 1993, Sato 1993, von Meiss 1994], die den Einsatz neuer und angepaßter Greifer unabdingbar machen.

Eine Übersicht über die heute in der automatisierten Montage von Mikrosystemen verwendeten Greiferarten ist in Bild 2.3 gegeben. Aus der Umfrage geht deutlich hervor, daß vorwiegend Vakuumgreifer und mechanische Greifer industriell zum Einsatz kommen.

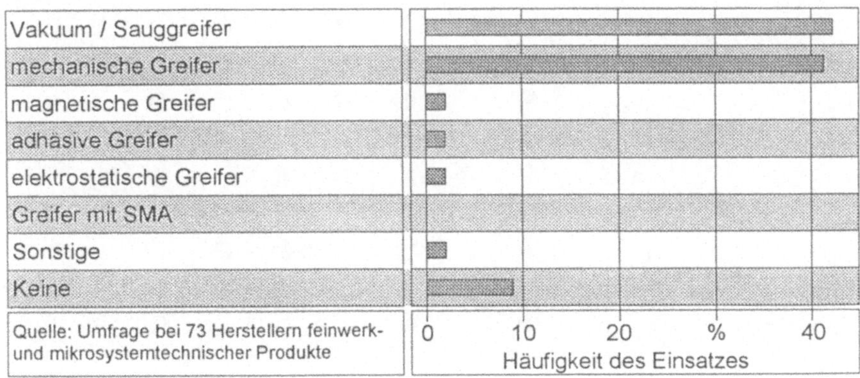

Bild 2.3: Greifer in der automatisierten Montage von Mikrosystemen

Bild 2.4 zeigt eine Übersicht über die heute verwendeten Greifer in der Mikrosystemtechnik und die Bewertung dieser Greifsysteme nach für die Mikromontage entscheidenden Kriterien.

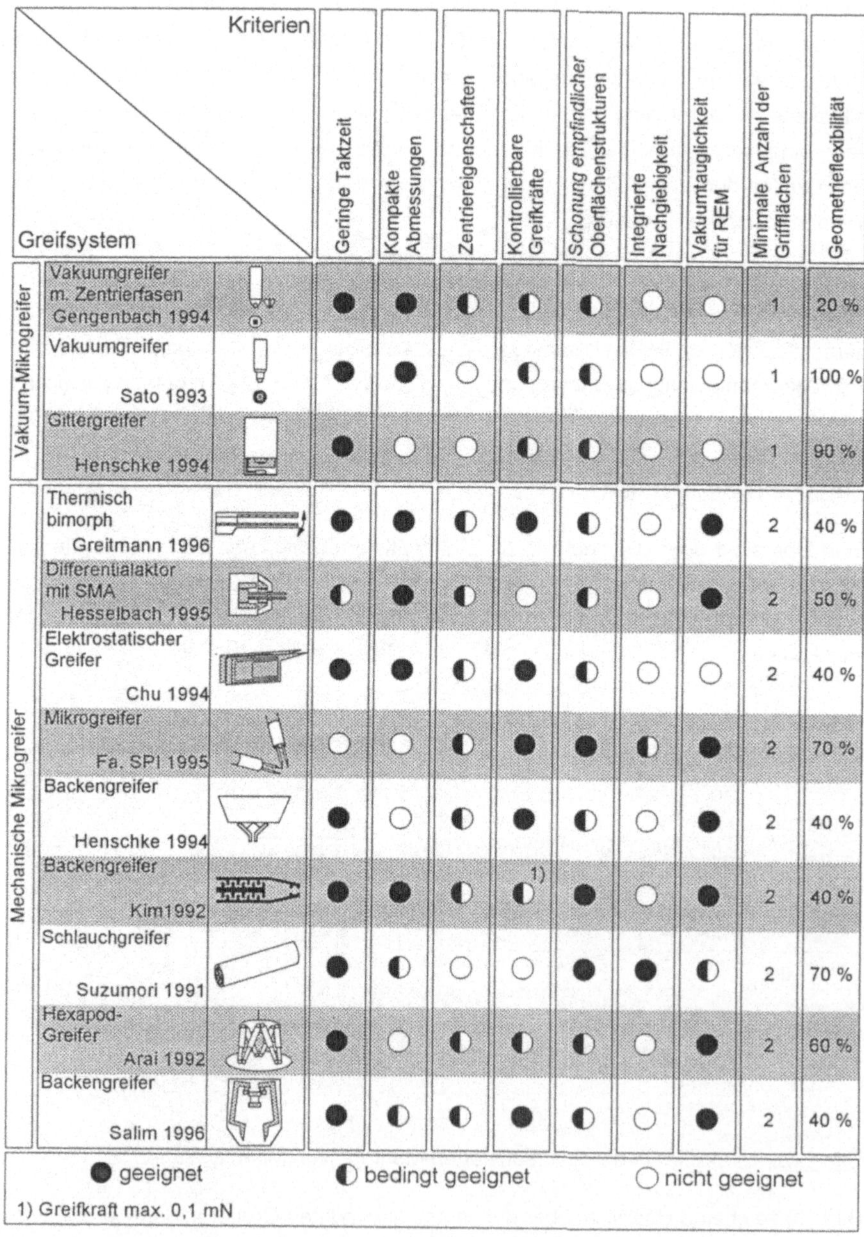

Greifsystem \ Kriterien		Geringe Taktzeit	Kompakte Abmessungen	Zentriereigenschaften	Kontrollierbare Greifkräfte	Schonung empfindlicher Oberflächenstrukturen	Integrierte Nachgiebigkeit	Vakuumtauglichkeit für REM	Minimale Anzahl der Griffflächen	Geometrieflexibilität
Vakuum-Mikrogreifer	Vakuumgreifer m. Zentrierfasen Gengenbach 1994	●	●	◐	◐	◐	○	○	1	20 %
	Vakuumgreifer Sato 1993	●	●	○	◐	◐	○	○	1	100 %
	Gittergreifer Henschke 1994	●	○	○	◐	◐	○	○	1	90 %
Mechanische Mikrogreifer	Thermisch bimorph Greitmann 1996	●	●	◐	●	◐	○	●	2	40 %
	Differentialaktor mit SMA Hesselbach 1995	◐	●	◐	○	◐	○	●	2	50 %
	Elektrostatischer Greifer Chu 1994	●	●	◐	●	◐	○	○	2	40 %
	Mikrogreifer Fa. SPI 1995	○	○	◐	●	●	◐	●	2	70 %
	Backengreifer Henschke 1994	●	○	◐	●	◐	○	●	2	40 %
	Backengreifer Kim1992	●	●	◐	◐ 1)	●	○	●	2	40 %
	Schlauchgreifer Suzumori 1991	●	◐	○	○	●	●	◐	2	70 %
	Hexapod-Greifer Arai 1992	●	○	◐	◐	◐	○	●	2	60 %
	Backengreifer Salim 1996	●	◐	◐	●	◐	○	●	2	40 %

● geeignet ◐ bedingt geeignet ○ nicht geeignet

1) Greifkraft max. 0,1 mN

Bild 2.4: Greifsysteme für die automatisierte Montage von Mikrosystemen

Nachteilig ist bei den Vakuumgreifern, daß eine Zentrierung des Bauteils nur durch eine speziell auf die Bauteilform zugeschnittene Pipettenform oder durch aufwendige optische Verfahren mit aktivem Toleranzausgleich möglich ist. Im weiteren ist ein zerstörungsfreies Greifen oberflächenempfindlicher Strukturen mit Vakuumgreifern nicht in jedem Fall gewährleistet.

Allen mechanischen Greifern ist gemeinsam, daß die gegriffenen Bauteile mindestens zwei Griffflächen benötigen, um gegriffen werden zu können. Außerdem muß beim Fügen Freiraum an der Fügestelle auf der Seite der Bauteile vorhanden sein, um Raum für die Greiferbacken zu haben, was die Integrationsdichte bei hybriden Systemen beeinträchtigt. Weitere Nachteile der mechanischen Greifer sind in der eingeschränkten Geometrieflexibilität sowie bei der Bauteilzentrierung zu sehen, die nur bei auf das Bauteil abgestimmten Greiferbacken erfolgt.

Die bestehenden Entwicklungen sind folgendermaßen gekennzeichnet:

- Kein System erfüllt die zentralen Forderungen nach Zentrierung des Greifobjekts und Geometrieflexibilität gleichzeitig.
- Zur Greifkraftbegrenzung ist jeweils eine empfindliche Sensorik erforderlich.
- Die mechanischen Greifer besitzen die Einschränkung, daß nur Bauteile mit mindestens zwei gegenüberliegenden Griffflächen gegriffen werden können.
- Bei den mechanischen Greifern sowie beim Vakuumgreifer mit Zentrierfasen muß beim Fügen ein definierter Freiraum für die Greiferbacken bzw. die Greiferkontur freigehalten werden, so daß sich nur eingeschränkte Packungsdichten realisieren lassen.
- Bei allen heute verwendeten Greifern muß der passive Toleranzausgleich, die sog. Komplienz, durch zusätzliche Systeme wie beispielsweise eine Luftlagerung des Werkstückträgers, erreicht werden.

Da das adhäsive Greifen allgemein als geeignet für das Greifen von leichten, flachen und kleinen Teilen mit empfindlichen Oberflächen angesehen wird [Spur 1981, Hesse 1991, Seegräber 1993], werden die derzeit bekannten adhäsiven Greifsysteme im folgenden näher untersucht.

2.2.2 Adhäsive Greifsysteme

Adhäsive Greifsysteme sind prinzipiell in Morphologien zum Greifen enthalten, dennoch spielen sie in der industriellen Praxis eine eher untergeordnete Rolle [Hesse 1991, Spur 1981, Seegräber 1993]. Die bisher realisierten Systeme sind im folgenden erläutert und werden auf ihre Eignung zur Miniaturisierung und den Einsatz in der Mikrosystemtechnik hin betrachtet. Eine Zusammenstellung der adhäsiven Greifer und Verfahren ist in Bild 2.5 dargestellt und in bezug auf ihre Eignung zum Greifen mikrosystemtechnischer Bauteile untersucht und bewertet.

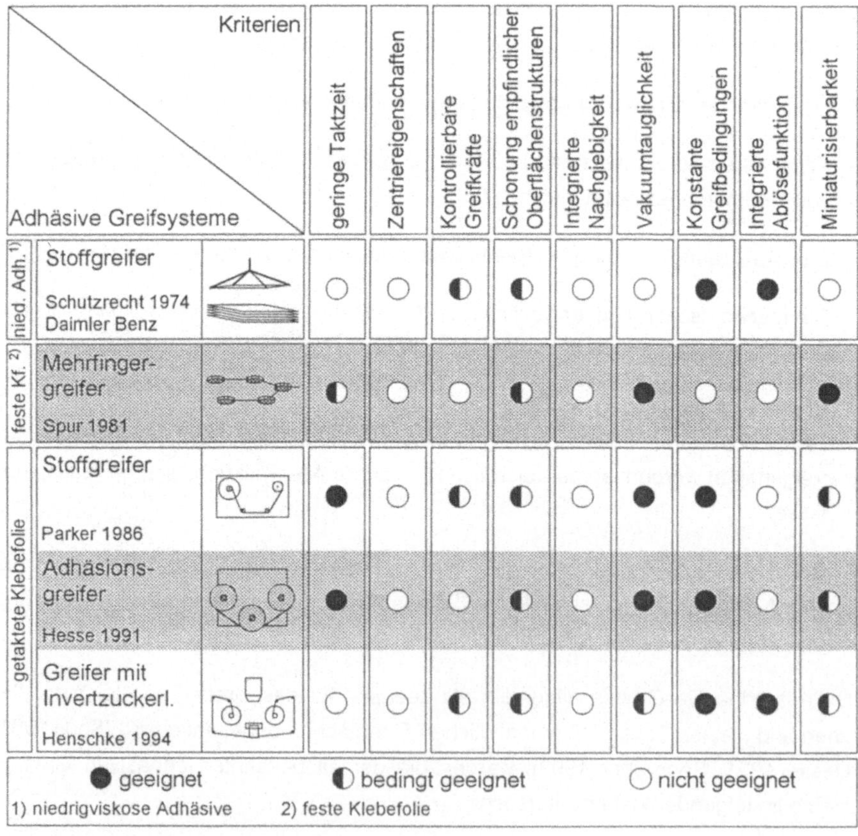

	Adhäsive Greifsysteme / Kriterien	geringe Taktzeit	Zentriereigenschaften	Kontrollierbare Greifkräfte	Schonung empfindlicher Oberflächenstrukturen	Integrierte Nachgiebigkeit	Vakuumtauglichkeit	Konstante Greifbedingungen	Integrierte Ablösefunktion	Miniaturisierbarkeit
nied. Adh. 1)	Stoffgreifer, Schutzrecht 1974 Daimler Benz	○	○	◐	◐	○	○	●	●	○
feste Kf. 2)	Mehrfingergreifer, Spur 1981	◐	○	○	◐	○	●	○	○	●
getaktete Klebefolie	Stoffgreifer, Parker 1986	●	○	◐	◐	○	●	●	○	◐
getaktete Klebefolie	Adhäsionsgreifer, Hesse 1991	●	○	○	◐	○	●	●	○	◐
getaktete Klebefolie	Greifer mit Invertzuckerl., Henschke 1994	○	○	◐	◐	○	◐	●	●	◐

● geeignet ◐ bedingt geeignet ○ nicht geeignet

1) niedrigviskose Adhäsive 2) feste Klebefolie

Bild 2.5: Adhäsive Greifsysteme und Verfahren

Für das adhäsive Greifen von Stoffbahnen finden sich verschiedene Lösungen. So existiert ein Patent eines Automobilherstellers [Schutzrecht 1974], bei dem in der Polsterei Stoffbahnen vom Stapel dadurch gegriffen werden, daß eine befeuchtete Tragplatte die Oberseite des Stapels kontaktiert und so durch das Adhäsiv einen Stoffschluß zwischen Stoffbahn und Tragplatte herstellt. Als Adhäsive werden Wasser sowie Kontaktkleber vorgeschlagen. Zum Ablösen der Stoffbahnen von der Tragplatte werden Druckluft und mechanische Ausstoßer verwendet.

Ein Ansatz zum flexiblen Greifen mittels Adhäsion wird in einer Studie zu flexiblen Greifeinrichtungen dargestellt [Spur 1981]. Dabei sind Haftelemente an den Gelenken von mehrgliedrigen Greiffingern so angebracht, daß sich die Positionen dieser Haftelemente über ein Regelsystem verändern lassen. Damit ist ein Greifen von flächenförmigen Werkstücken mit unterschiedlicher Außenkontur möglich. Auf die durch dieses System nicht erfüllten Anforderungen - wie Wechsel der Adhäsivoberfläche oder Ablösen der Werkstücke vom Greifer - wird nicht weiter eingegangen.

Zum Greifen von Stoff ist eine weitere Lösung dokumentiert [Parker 1986]. Zum Vereinzeln von Stoffbahnen wird ein Greifer verwendet, bei dem das Adhäsiv auf einem Klebeband aufgebracht ist. Nach dem Greifen wird das Band jeweils weitergespult, so daß die Klebefläche bei jedem Greifen erneuert wird. Bei dem realisierten System handelt es sich um einen Versuchsaufbau ohne integrierte Ablöseeinrichtung und Sensorik. Mit diesem System wurden Experimente mit unterschiedlichen Stoffen, Kontaktzeiten, Preßkräften, Klebebandbreiten und Abzugsgeschwindigkeiten durchgeführt. Über einen industriellen Einsatz dieses Greifers ist nichts bekannt.

In einer Übersicht über Greifer in der Handhabungstechnik [Hesse 1991] wird ebenfalls von Klebebandgreifern berichtet, bei denen das Klebeband wie ein Farbband in einer Schreibmaschine weiter getaktet wird. Adhäsionsgreifer werden hier als geeignet für das Greifen von Kunststoffen, Textilien, Folien, leichten Teilen mit empfindlichen Oberflächenstrukturen sowie prismatischen Werkstücken angesehen.

Das adhäsive Greifprinzip für das Greifen von mikrosystemtechnischen Bauteilen wird in einer weiteren Arbeit vorgestellt [Henschke 1994b]. Dabei wird eine transparente Folie als Träger des Adhäsivs verwendet, die wie bei den bekannten Prinzipien weitergetaktet wird. Als Adhäsiv wird eine Invertzuckerlösung verwendet, die bauteilspezifisch über eine Dosierstation auf die Trägerfolie aufgebracht wird. Die Invertzuckerlösung hat den Vorteil, daß deren Viskosität stark temperaturabhängig ist, so daß bei Raumtemperatur ein Halten und bei Erhitzen ein Lösen des Werkstücks möglich ist. Die transparente Folie ermöglicht zudem ein Beobachten des Fügevorgangs durch ein Mikroskop. Versuche zeigen reproduzierbare Ergebnisse beim Greifen von Bauteilen mit einem Gewicht zwischen 300 und 12000 µg. Als Einschränkung des Verfahrens sind somit das begrenzte Bauteilgewicht sowie die auf dem gegriffenen und abgesetzten Bauteil verbleibenden Adhäsivreste (Zucker) anzusehen. Falls diese die Funktion der montierten Baugruppe beeinträchtigen, müssen sie durch einen anschließenden Reinigungsprozeß entfernt werden.

Die Verwendung des Adhäsionsprinzips bei der Montage von Mikrosystemen ist in einer weiteren Patentschrift zum Fixieren von Bauteilen beschrieben [Schutzrecht 1993]. Dabei handelt es sich um kein Greifverfahren, dennoch soll dieser Ansatz nicht unberücksichtigt bleiben, da die Verwendung von niedrigviskosen Adhäsiven zur Krafterzeugung beim Greifvorgang durchaus einige Vorteile bietet, insbesondere die Zentrierung der Bauteile zueinander.

Bei dem beschriebenen Verfahren werden die einzelnen Bauteile von Leistungsdioden auf dem Transportweg zwischen Bestückungsort und Lötplatz durch ein zwischen die flachen Bauteile aufgebrachtes Adhäsiv temporär fixiert. Als Adhäsiv wird vorzugsweise Wasser verwendet, da es sehr schnell und im wesentlichen rückstandsfrei verdampft, kostengünstig und chemisch neutral ist. Es wird in Tropfenform auf die zu fixierenden Bauteile aufgebracht. Bei einer Variante des Verfahrens wird das Adhäsiv soweit abgekühlt, daß sich der Aggregatzustand von flüssig in fest ändert und somit auch Scherkräfte aufgenommen werden können. Das Adhäsiv verflüchtigt sich beim Erhitzen der Bauteile in der Lötstation.

In der Nanotechnik wird ein Verfahren verwendet, das unter dem Begriff "Pick-and-Place Forming" bekannt ist [Miyazaki 1996]. Dabei werden einzelne Polymerkugeln mit einem Durchmesser von ca. 2 µm mittels einer Glaspipette mit einem Spitzendurchmesser von 0,7 µm gegriffen und zu einem "photonic crystal" gefügt, das für Versuche in der Quantenoptik verwendet wird. Beim Greifen wird weder Vakuum noch Adhäsiv verwendet, sondern ausschließlich eine Kapillarspitze und eine besondere Fügestrategie. Die dabei geltenden Gesetzmäßigkeiten sind noch unklar.

Es wird deutlich, daß keines der adhäsiven Greifsysteme die wichtigen Forderungen nach Zentrierung der Bauteile und nach integrierter Nachgiebigkeit erfüllt. Das integrierte Ablösen der Bauteile von der Greiffläche ist nur bei zwei der vorgestellten Verfahren möglich und jeweils mit einem Taktzeitverlust verbunden.

3 Analyse der Montageaufgabe und Ableitung von Anforderungen

Um die Anforderungen an ein zu entwickelndes adhäsives Greifsystem festlegen zu können, wurde eine Umfrage bei 73 Herstellern von feinwerk- und mikrosystemtechnischen Produkten durchgeführt und zur Ableitung von Anforderungen an ein adhäsives Greifsystem für kleine Teile ausgewertet.

3.1 Analyse und Klassifizierung von mikrosystem- und feinwerktechnischen Bauteilen

3.1.1 Produktspektrum

In Bild 3.1 sind die Jahresstückzahlen, Losgrößen und Variantenanzahl der untersuchten feinwerktechnischen und mikrosystemtechnischen Produkte dargestellt.

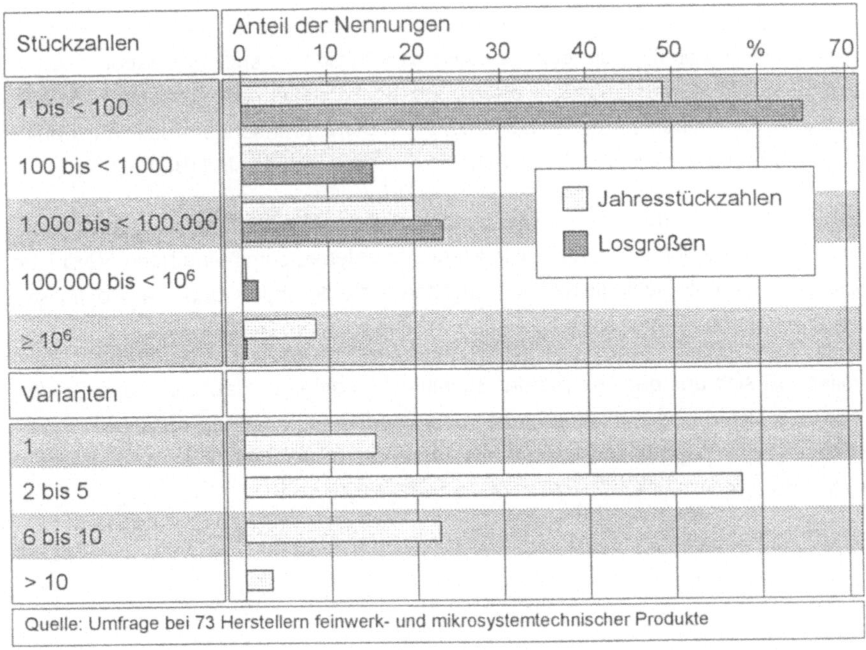

Bild 3.1: Jahresstückzahlen, Losgrößen und Variantenvielfalt der untersuchten feinwerk- und mikrosystemtechnischen Produkte

Über 90 % der feinwerk- und mikrosystemtechnischen Produkte wird laut der Umfrageergebnisse in Jahresstückzahlen unter 100.000 St./a produziert und somit auch in kleinen Losgrößen größtenteils kleiner als 100 St./Los aufgelegt. Aus Bild 3.1 wird jedoch auch ersichtlich, daß neben diesen kleinen Stückzahlbereichen einige Produkte in extrem hohen Stückzahlen von über 1.000.000 St./a und in Losgrößen von bis über 100.000 St./Los hergestellt werden. Die Variantenvielfalt liegt bei 58 % der Produkte zwischen zwei und fünf, 15 % der Produkte werden ohne Varianten gefertigt. Eine Variantenzahl größer als fünf ist bei 27 % der Produkte vorhanden.

Für die Produktion bedeutet dies, daß aufgrund der kleinen Losgrößen ein häufiger Typenwechsel auf den Fertigungseinrichtungen erfolgt. Flexible Greifer sind dabei eine wichtige Voraussetzung für eine wirtschaftliche Produktion, insbesondere bei Serieneinführung und Anlaufstückzahlen.

Es läßt sich eine Verbreitung von feinwerk- und mikrosystemtechnischen Produkten in einem sehr breiten Spektrum industrieller Branchen (Bild 3.2) und in unterschiedlichen Anwendungen feststellen.

Bei den betrachteten Produkten werden unterschiedliche Schnittstellen im Kontakt mit der Umwelt benötigt, um eine gewünschte Funktion zu erzielen. Dabei treten in über 40 % der Anwendungsfälle elektrische Schnittstellen auf. Optische und mechanische Schnittstellen werden bei je ca. 25 % der Anwendungen realisiert, wohingegen fluidische und biochemische Schnittstellen eher selten sind (Bild 3.2).

Die Vielzahl der Produkte aus den unterschiedlichen Branchen bedingen jeweils angepaßte Anforderungen an die Greifsysteme, von denen somit eine hohe Flexibilität bezüglich der unterschiedlichen spezifischen Anforderungen und die Möglichkeit zum Wechsel des Greifsystems gefordert werden müssen.

Weiter läßt sich aus der Analyse der Schnittstellen ableiten, daß durch das Greifen weder die elektrische Kontaktierbarkeit und Bondbarkeit noch die optischen Eigenschaften an der Schnittstelle oder mechanische Kopplungsstellen beeinträchtigt werden dürfen.

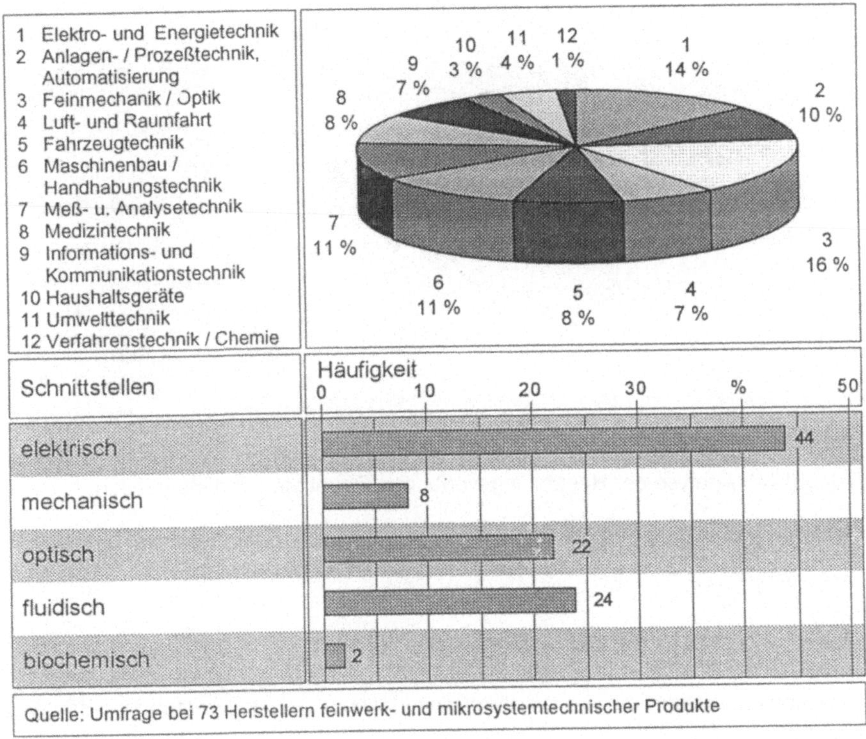

Bild 3.2: Branchen feinwerktechnischer und mikrosystemtechnischer Produkte und Schnittstellen der Produkte zur Umgebung

Als Herstellungsverfahren für die eingesetzten Einzelteile werden in großem Umfang sowohl "klassische" mechanische Verfahren wie Zerspanen, Schleifen oder Drahterodieren (in Summe 47 %) als auch Siliziumtechniken (39 %) eingesetzt (Bild 3.3). Das Verfahren der LIGA-Technik setzen erst 11 % der befragten Hersteller für ihre Produkte ein. Dies bedingt eine Vielzahl an eingesetzten Materialien, wobei die Schwerpunkte auf Silizium und Metallen liegen. Die zu greifenden Oberflächen besitzen schwerpunktmäßig Rauhtiefen zwischen 0,01 µm und 1 µm.

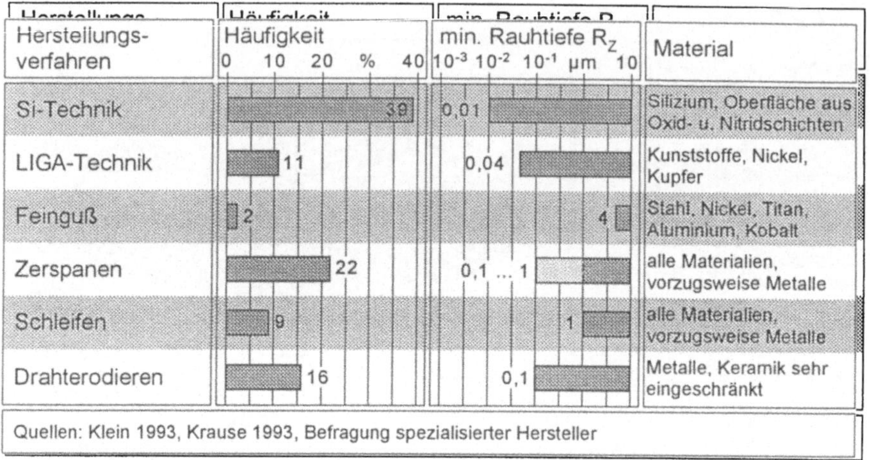

Bild 3.3: Analyse der Herstellungsverfahren, Rauhtiefen und Materialien

3.1.2 Bauteilgeometrie

Die geometrischen Parameter der Bauteile legen neben den Prozeßparametern wesentlich die flexibilitätsbestimmenden Faktoren des Greifprozesses fest. Dies sind die Hauptgeometrien sowie die Größenverteilung der zu greifenden Bauteile (Bild 3.4).

Auf Flachteile mit und ohne Membranelemente fallen 57 % des untersuchten Produktspektrums, wobei sich der Größenbereich der Einzelteile schwerpunktmäßig in 63% der Anwendungen zwischen 1 und 10 mm bewegt. Allerdings bewegt sich die Größe der zu greifenden Bauteile über einen Bereich mit einem Faktor größer 100. Dies bedingt aufgrund der unterschiedlichen Haltekräfte und zulässigen Griffflächen die Forderung nach einer Möglichkeit zum Greiferwechsel und nach einer hohen Geometrieflexibilität des Greifverfahrens, um die Anzahl der benötigten Greifer zur Lösung der unterschiedlichen Greifaufgaben zu begrenzen.

Sowohl in der Feinwerktechnik und Elektronik, als auch in besonderem Maße in der Mikrosystemtechnik ist zu erkennen, daß die Packungsdichte der Bauteile auf dem Substrat immer weiter erhöht wird [Mingels 1996]. Dies bedeutet, daß zum Greifen von einzelnen Bauteilen oft nur eine Grifffläche zur Verfügung steht, um die Packungsdichte nicht durch Freiräume für Greiferbacken beschränken zu müssen.

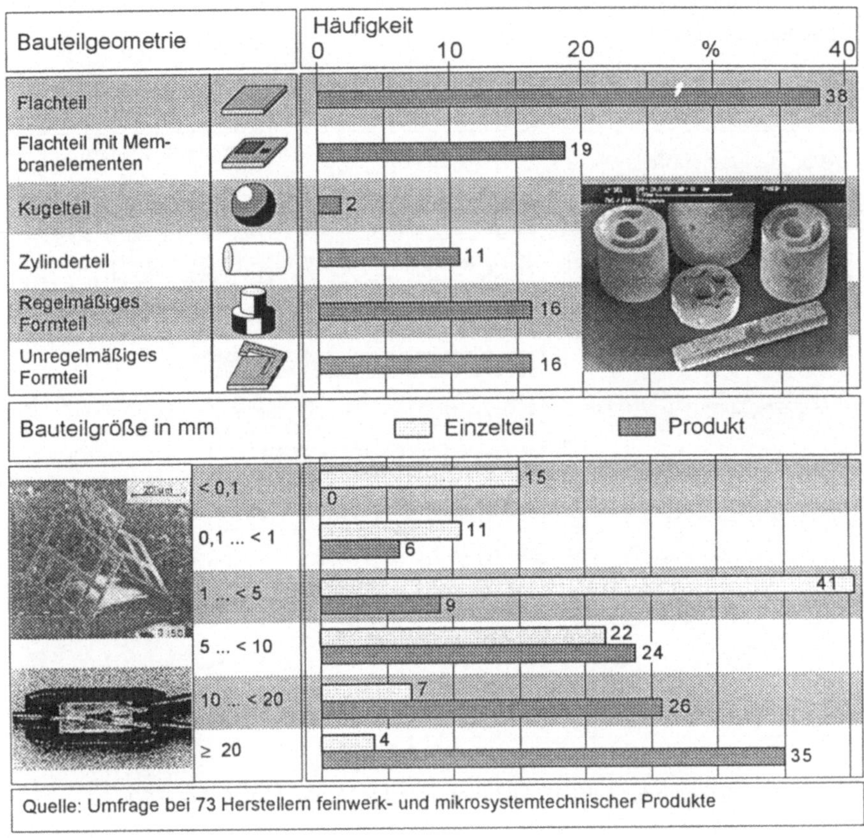

Bild 3.4: Hauptgeometrien und Größen feinwerk- und mikrosystemtechnischer Bauteile und Produkte

3.2 Analyse der Montageaufgabe

3.2.1 Fügeverfahren

Um die Anforderungen an das adhäsive Greifen festlegen zu können, muß die Montageaufgabe für die in Kapitel 3.1 ausgewählten Bauteile analysiert werden. Hierzu wurde die Verwendungshäufigkeit der Fügeverfahren analysiert (Bild 3.5). Dabei wird deutlich, daß die am häufigsten eingesetzten Fügeverfahren Kleben, Zusammensetzen, Drahtbonden und Löten sind und somit den Schwerpunkt der weiteren Betrachtungen bilden.

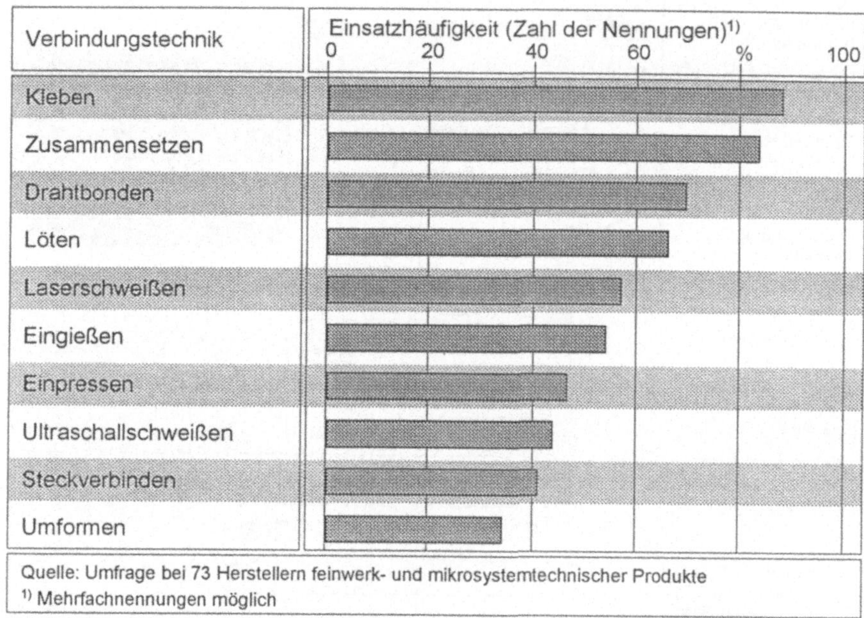

Bild 3.5: Verwendungshäufigkeit eingesetzter Verbindungstechniken

3.2.2 Toleranzen

Beim Großteil der untersuchten Fügeaufgaben sind nur sehr geringe Fügespiele kleiner 20 µm vorhanden, bei ca. einem Viertel der Anwendungen sind diese sogar kleiner als 1 µm (Bild 3.6). Allerdings decken sich die Toleranzen der verwendeten Handhabungsgeräte, die zu 70 % im Bereich zwischen 1 und 10 µm liegen, in einem großen Bereich mit den Anforderungen der Fügepartner. In Relation zu den Fügespielen treten bei der Teilebereitstellung sehr große Toleranzen auf, was einen Toleranzausgleich zwischen Greifen der Bauteile und Fügen unabdingbar macht.

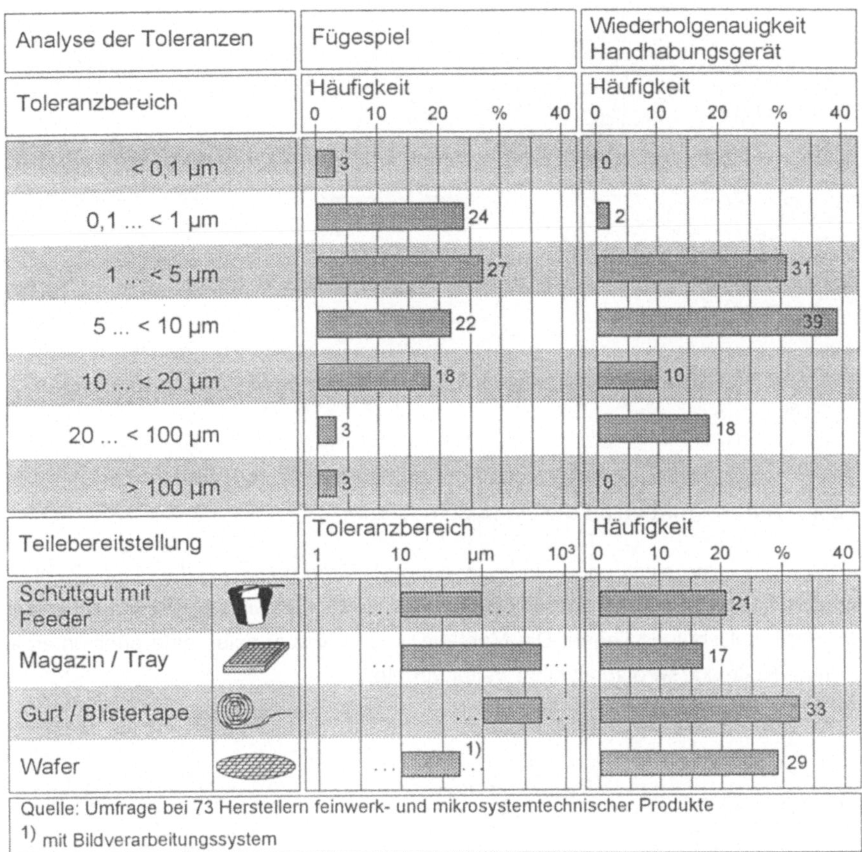

Bild 3.6: Analyse der Fügespiele und Toleranzen der Handhabungsgeräte und der Teilebereitstellungen

Bei der in Bild 3.7 dargestellten Toleranzkette ist ein Greiferwechselsystem als Systemkomponente integriert, da vorausgesetzt wird, daß unterschiedliche Greifer an einem Handhabungssystem eingesetzt werden müssen, um die Anforderungen an Flexibilität bzgl. Bauteilgeometrien und Werkstoffen zu erfüllen. Insbesondere der wesentliche Anteil der Toleranzen in der Teilebereitstellung an der gesamten Toleranzkette bedingt aufwendige Maßnahmen zum Toleranzausgleich, wie sie meist in Form von Bildverarbeitungssystemen in das Montagesystem integriert sind.

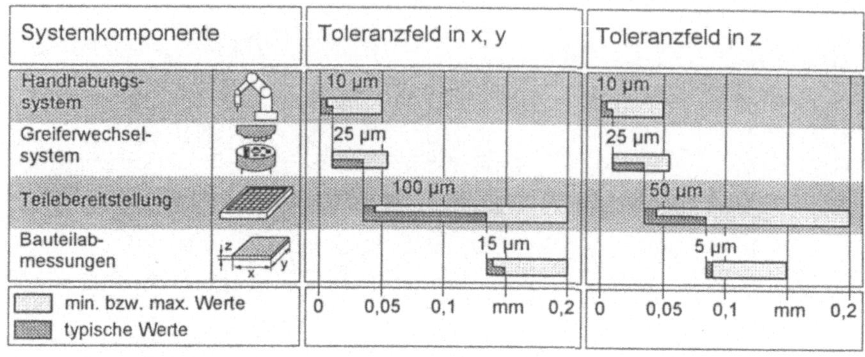

Bild 3.7: Toleranzkette beim Greifen feinwerk- und mikrosystemtechnischer Bauteile

3.2.3 Anforderungen an die Systemumgebung

In Bild 3.8 ist dargestellt, daß die besonderen Anforderungen an die Montageumgebung vorwiegend im Einsatz eines Reinraums, in der Schwingungsisolierung und in der Personalschulung liegen. Die Montage unter Vakuum spielt eine eher untergeordnete Rolle und wird somit nicht weiter verfolgt.

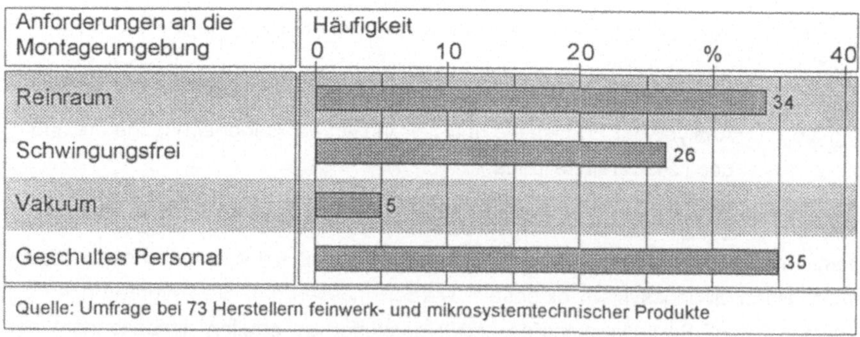

Bild 3.8: Besondere Anforderungen an die Montageumgebung

3.3 Ableitung von Anforderungen an einen adhäsiven Greifer zum Greifen kleiner Teile mit niedrigviskosen Flüssigkeiten

3.3.1 Anforderungen an das Gesamtsystem

Ein System zum Greifen wird definiert durch die Erfüllung der Funktionen Halten und Lösen [VDI-Richtlinie 2860]. Die Untersuchung dieser Prozesse zum Greifen kleiner und empfindlicher Bauelemente aus der Elektronik, Mikrosystem- und Feinwerktechnik ist Ausgangspunkt für die Entwicklung des Gesamtsystems und der Teilsysteme. Das Gesamtsystem umfaßt dabei die Teilsysteme Greifsystem, Ablösesystem und Informationsverarbeitungssystem.

Die Grundanforderungen an das Gesamtsystem werden aus der Analyse abgeleitet. Sie gelten für alle am Halten und Lösen beteiligten Teilsysteme gleichermaßen. Bild 3.9 faßt diese Grundanforderungen zusammen:

- Hohe Flexibilität bzgl. Bauteilwerkstoff
- Hohe Flexibilität bzgl. Bauteilgeometrie bei Bauteilgrößen von 0,1 bis 10 mm
- Keine Beeinträchtigung nachgelagerter Prozeßschritte (Bonden, Löten, Schweißen)
- Keine Beeinträchtigung der Bauteilfunktion durch Rückstände des Adhäsivs auf den Bauteilen
- Keine Beschädigung von oberflächenempfindlichen Werkstücken
- Kurze Taktzeit < 1 s für das Greifen und Ablösen
- Geringer Justageaufwand bei Werkzeugwechsel
- Ausgleich von Positionstoleranzen des Bauteils bis zu 0,5 mm
- Ausgleich von Winkelfehlern bis zu 10°
- Leichte Bauweise zur Integration in ein Handhabungsgerät < 1 kg
- Platzsparende Bauweise zur Integration in ein Handhabungsgerät < 1 dm^3
- Einsatz im Reinraum
- Positionstoleranzen im Bereich < 0,1 bis 20 μm
- Geringer Aufwand zur Anpassung an neue Bauteile
- Standardisierte Schnittstelle zum Handhabungsgerät
- Einfache Steuerungsmöglichkeit
- Freie Zugänglichkeit der Greiffläche zur Grifffläche
- Greifen von Bauteilen mit nur einer Grifffläche

Bild 3.9: Anforderungen an das Gesamtsystem

3.3.2 Anforderungen an die Greiferteilsysteme

Die grundlegenden Anforderungen an das Gesamtsystem sind durch funktionsbezogene Anforderungen zu ergänzen. Für die Teilsysteme leiten sich aus diesen beiden Anforderungskatalogen die Pflichtenhefte ab. Das Greifsystem löst die Funktionen Aufnehmen und Halten und läßt sich untergliedern in Dosiersystem, Wirkmedium und Greiffläche. Der Anforderungskatalog an das Greifsystem ist mit Untergliederungen in Bild 3.10 dargestellt.

Greifsystem:

- Gewährleistung der Zentrierung des Bauteils an der Greiffläche
- Schnelle Tropfenausbildung < 0,5 s

Dosiersystem:

- Speicherung des Adhäsivs für mindestens 1000 Greifzyklen
- Exakte und reproduzierbare Dosierung des Wirkmediums (Genauigkeit +/- 5%)
- Chemische Resistenz gegenüber Wirkmedium
- Flexibilität für Wirkmedien unterschiedlicher Eigenschaften

Wirkmedium:

- Keine Beeinträchtigung der Umgebung, Einhaltung der MAK-Werte
- Keine Beeinträchtigung der Bauteilefunktion durch Rückstände auf den Bauteilen

Greiffläche

- Aufbringen der erforderlichen Haltekräfte > 5 mN
- Chemische Resistenz gegenüber Adhäsiv

Bild 3.10: Anforderungen an das Greifsystem

Das Ablösesystem ist für die Erfüllung der Funktion Lösen notwendig und unterteilt sich in eine Antriebs- und eine Wirkeinheit, die bezüglich der Anforderungen gemeinsam betrachtet werden. Die Anforderungen an das Ablösesystem sind in Bild 3.11 dargestellt.

Ablösesystem:

- Keine Erzeugung von Kraftspitzen
- Kurze Taktzeiten < 0,5 s

Bild 3.11: Anforderungen an das Ablösesystem

4 Theorie des adhäsiven Greifens mit niedrigviskosen Flüssigkeiten

Grundlagen zum adhäsiven Greifen können aus geometrischen Betrachtungen sowie aus umfangreichen Untersuchungen zur Adhäsion [Moore 1983, Stroppe 1990, Gerthsen 1992, Bischof 1983, Woodrow 1961, Hotta 1974, Weiss 1962, Padday 1978, Kaelble 1971], zu Oberflächenphänomenen [Adamson 1982, Matijevic 1969, Israelachvili 1985, Zisman 1964, Neumann 1974, Abe 1995, Pietsch 1967, Fox 1955], zum Kleben [Brockmann 1975, Druschke 1986, Simon 1974, Simon 1976] und zur Fluidmechanik [Eck 1978, Prandtl 1990] abgeleitet werden.

Bei der zitierten Literatur handelt es sich um Grundlagenwerke bzw. um Schriften, die spezielle Aufgabenstellungen aus unterschiedlichen technischen Bereichen zum Inhalt haben. Erste Untersuchungen zum adhäsiven Greifen mit niedrigviskosen Flüssigkeiten sind in [Schraft 1996] dargestellt.

Bild 4.1 zeigt die einzelnen Phasen des Greifprozesses mit niedrigviskosen Flüssigkeiten.

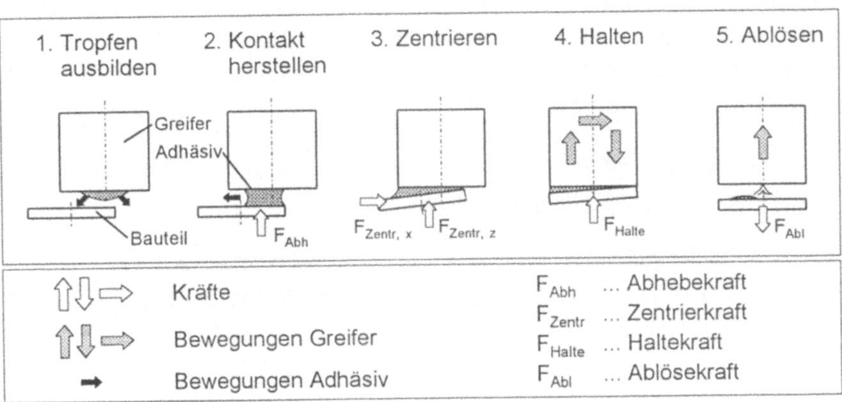

Bild 4.1: Phasen des Greifprozesses

Im Gegensatz zu den bekannten adhäsiven Greifverfahren wird beim adhäsiven Greifen mit niedrigviskosen Flüssigkeiten auf der Greif- oder Grifffläche ein Tropfen gebildet (Greifphase 1). Die Lage und Geometrie des Tropfens bestimmen den minimalen Greifabstand a, auf den die Greiffläche der Grifffläche angenähert werden muß, um den Kontakt herzustellen (Greifphase 2).

Ab dem Zeitpunkt der Herstellung des Kontakts bildet sich eine Flüssigkeitsbrücke zwischen Greiffläche und Grifffläche aus, die das Bauteil sowohl an den Greifer zieht, als auch an dessen Geometrie zentriert (Greifphase 3). Bei diesem hochdynamischen Vorgang wirken sowohl Oberflächenkräfte der Flüssigkeit als auch Kapillarkräfte, wobei die Kräfte bis zur Ausbildung des Gleichgewichtszustands beim Halten des Bauteils (Greifphase 4) durch den kleiner werdenden Greifspalt größer werden.

Während des Haltens des Bauteils an der Greiffläche besteht ein Kräftegleichgewicht zwischen den Gewichts-, Kapillar-, Oberflächen- und Reaktionskräften, so daß das Bauteil an einer definierten Stelle der Greiffläche fixiert ist. In der so fixierten Position wird der Greifer mit dem Bauteil an die Fügeposition bewegt und das Bauteil abgelöst (Greifphase 5).

Der Greifabstand a und das zu dosierende Flüssigkeitsvolumen V sind wesentliche Prozeßparameter für das adhäsive Greifen mit niedrigviskosen Flüssigkeiten. Eine Voraussetzung zur Festlegung dieser Parameter ist die Kenntnis der Tropfenhöhe h in Greifphase 1, die einen Schwerpunkt der theoretischen Betrachtung bildet.

In Greifphase 2 direkt nach dem Ausbilden der Flüssigkeitsbrücke zwischen Greif- und Grifffläche wirkt die Abhebekraft F_{Abh} auf das Bauteil. Wird das Bauteil an die Greiffläche gezogen, steigt die Kraft bis zur Haltekraft F_{Halte} an. Die Abhebekraft F_{Abh} ist somit bestimmend für die Festlegung der Greifparameter und Gegenstand der anschließenden Kraftbetrachtungen.

In den jeweiligen Phasen des Greifprozesses wirken eine große Anzahl von Einflußparametern, die in Bild 4.2 dargestellt sind.

Da sich die Einflußparameter des Bauteils in der Regel nicht einfach verändern lassen, ist der Schwerpunkt der Untersuchungen auf den Prozeß des Greifens, das Adhäsiv und die Greiffläche zu richten.

Einflußparameter \ Phase Greifprozeß			Tropfen ausbilden	Kontakt herstellen	Zentrieren	Halten	Ablösen
Prozeß	Dosiertes Flüssigkeitsvolumen	V	●	●	●	●	●
Prozeß	Umgebungstemperatur	ϑ	○	○	○	●	○
Prozeß	Abstand Bauteil - Greifer	a	○	●	●	○	○
Prozeß	Beschleunigung / Verfahrgeschwindigkeit	$\dot{w}$, w	○	○	○	●	○
Prozeß	Raumlage des Greifers		●	○	●	●	●
Adhäsiv	Viskosität Adhäsiv	η	●	◐	◐	○	○
Adhäsiv	Dichte Adhäsiv	ρ_{Adh}	●	◐	◐	◐	○
Adhäsiv	Grenzflächenspannung Adhäsiv	γ	●	●	●	◐	◐
Adhäsiv	Diffusionskoeffizient Adhäsiv	δ	○	○	○	●	○
Greiffläche	Randwinkel Adhäsiv - Greiffläche	α_{Greif}	●	●	●	◐	●
Greiffläche	Rauhtiefe Greiffläche	$R_{Z,Greif}$	●	◐	●	◐	◐
Greiffläche	Geometrie Greiffläche	$d_{x,Greif}$, $d_{y,Greif}$	●	●	●	●	●
Bauteil	Randwinkel Adhäsiv - Bauteil	α_{Bt}	○	◐	●	◐	●
Bauteil	Rauhtiefe Grifffläche	$R_{Z,Bt}$	○	◐	◐	◐	◐
Bauteil	Geometrie Bauteil	$d_{x,y,Bt}$, z_{Bt}	○	●	●	●	●
Bauteil	Masse Bauteil	m_{Bt}	○	○	●	●	●

○ kein Einfluß ◐ geringer Einfluß ● großer Einfluß

Bild 4.2: Einflußparameter beim Greifen mit niedrigviskosen Flüssigkeiten

4.1 Flüssigkeitsoberflächen für einfache Greifergeometrien

Voraussetzung zum Greifen des Bauteils ist die Herstellung des Kontakts zwischen Greifer, Adhäsiv und Bauteil. Der Kontakt entsteht, wenn die Tropfenoberfläche des Adhäsivs sowohl die Greiffläche als auch die Griffläche berührt. Die geometrische Bedingung für die Berührung wird im folgenden als Greifbedingung definiert.

Die Grundlage der Berechnungen ist ein an einer Ebene hängender Tropfen. Dadurch ist eine unstrukturierte und glatte Greiffläche dargestellt, an der sich der Tropfen aus der Greifermitte bis zum Rand der Greiffläche mit Radius r_1 ausbreiten kann.

Die Erzeugung des Flüssigkeitstropfens ist ein dynamischer Vorgang, bei dem die Flüssigkeitsoberfläche durch Strömungseinflüsse um eine Gleichgewichtslage schwankt sowie sich ein dynamischer Vorrückrandwinkel α_a ausbildet, der sich vom stationären Randwinkel α unterscheidet. Erst nach einer gewissen Relaxationszeit ist der stationäre Zustand erreicht. Da der Tropfen im stationären Zustand die geringste Ausbreitung in z-Richtung besitzt, wird im folgenden ausschließlich der stationäre Zustand zur Berechnung der Tropfengeometrie verwendet.

Die Bestimmung der Tropfenhöhe h abhängig vom dosierten Flüssigkeitsvolumen V ist zur Bestimmung der Greifbedingung notwendig. Auf den Tropfen wirken dabei sowohl Oberflächenkräfte als auch die Schwerkraft. Bei kleiner werdenden Tropfen überwiegen dabei zunehmend die Oberflächenkräfte und der Schwerkrafteinfluß verringert sich. Die unterschiedlichen Tropfengeometrien mit und ohne Schwerkrafteinfluß sind in Bild 4.3 dargestellt und werden in den folgenden Kapiteln untersucht.

In Bild 4.3 lassen sich Tropfengeometrien mit Schwerkrafteinfluß weiter unterscheiden. Die Tropfengeometrie im Fall a) weist keinen Wendepunkt auf und entspricht mehr der Geometrie des Tropfens ohne Schwerkrafteinfluß als im Fall b), bei dem ein Wendepunkt vorhanden ist und sich eine "typische" Tropfenform ausbildet.

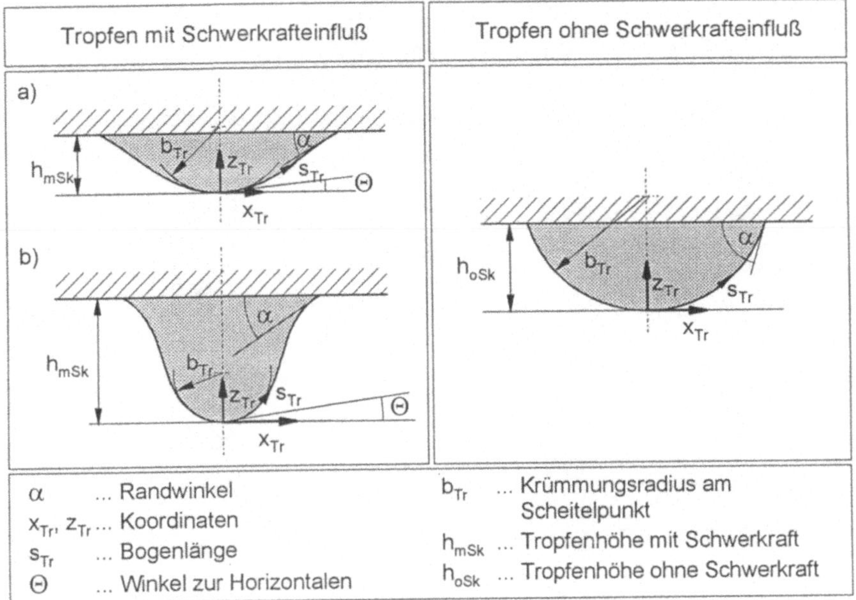

Bild 4.3: Tropfengeometrien mit und ohne Schwerkrafteinfluß

4.1.1 Tropfengeometrien unter Einfluß der Schwerkraft

Über die Tropfengeometrien von liegenden und hängenden Tropfen wurden umfangreiche experimentelle Untersuchungen angestellt [Bashforth 1883, Iinoya 1967, Majumdar 1967, Padday 1972, Pitts 1973, Pitts 1974], bis durch Hartland und Hartley [Hartland 1976] ein analytischer Ansatz basierend auf der Laplace-Gleichung und dem hydrostatischen Druck entwickelt wurde, der sich sehr genau mit den experimentell ermittelten Werten deckt. Unter Zugrundelegung der geometrischen Verhältnisse in Bild 4.3 wird die Tropfengeometrie durch eine Reihe dimensionsloser Gleichungen beschrieben.

Die dimensionslosen Größen werden folgendermaßen definiert:

$$c = \frac{\rho \cdot g}{\gamma} \quad \text{(4-1)},$$

c... Kapillaritätskonstante

g... Erdbeschleunigung

$$B_N = \sqrt{c} \cdot b_{Tr} \quad \text{(4-2)},$$

b_{Tr}... Krümmungsradius am Tropfenscheitelpunkt

$S_N = \sqrt{c} \cdot s_{Tr}$ (4-3), s_{Tr}... Bogenlänge

$V_N = \sqrt{c^3} \cdot V$ (4-4), V... Flüssigkeitsvolumen

$X_N = \sqrt{c} \cdot x_{Tr}$ (4-5), x_{Tr}... Radiale Entfernung von der Symmetrieachse

$Z_N = \sqrt{c} \cdot z_{Tr}$ (4-6), z_{Tr}... Vertikale Entfernung vom Scheitelpunkt des Tropfens

Somit gilt:

$$\frac{\delta\Theta}{\delta S_N} = \frac{2}{B_N} - Z_N - \frac{\sin\Theta}{X_N} \tag{4-7}$$

mit

$$\frac{\delta X_N}{\delta S_N} = \cos\Theta \quad \text{und} \quad \frac{\delta Z_N}{\delta S_N} = \sin\Theta . \tag{4-8}$$

Die Randbedingungen lauten:

$$\frac{\delta\Theta}{\delta S_N} = \frac{\sin\Theta}{X_N} = \frac{1}{B_N} \tag{4-9}$$

mit

$$X_N = Z_N = S_N = \Theta = V_N = A_N = 0 . \tag{4-10}$$

Das Volumen wird berücksichtigt durch

$$\frac{\delta V_N}{\delta S_N} = \pi \cdot {X_N}^2 \cdot \sin\Theta . \tag{4-11}$$

Das Differentialgleichungssystem in (4-7) ... (4-11) läßt sich nicht analytisch lösen, so daß die Lösung numerisch mit dem Runge-Kutta-Algorithmus [Bronstein 1987] erfolgt.

Die Tropfenform ist nach der Young'schen Gleichung (2-1) durch einen konstanten Randwinkel α definiert. Mit wachsendem Tropfenvolumen ergeben sich jeweils veränderte Tropfenformen, die für den konstanten Randwinkel α = 30° für jeweils fünf unterschiedliche Tropfenvolumina von Wasser und Ethanol in Bild 4.4 dargestellt sind. Dabei ist zu beachten, daß sich eine "typische" Tropfenform (siehe Bild 4.3, b)) erst bei großen Tropfenvolumina V > 50 µl ergibt. Dies bedeutet, daß sich für kleine Tropfenvolumina nur ein geringer Einfluß der Schwerkraft auf die Tropfengeometrie und die Tropfenhöhe erwarten läßt, die ein für den Greifvorgang wesentlicher Parameter ist.

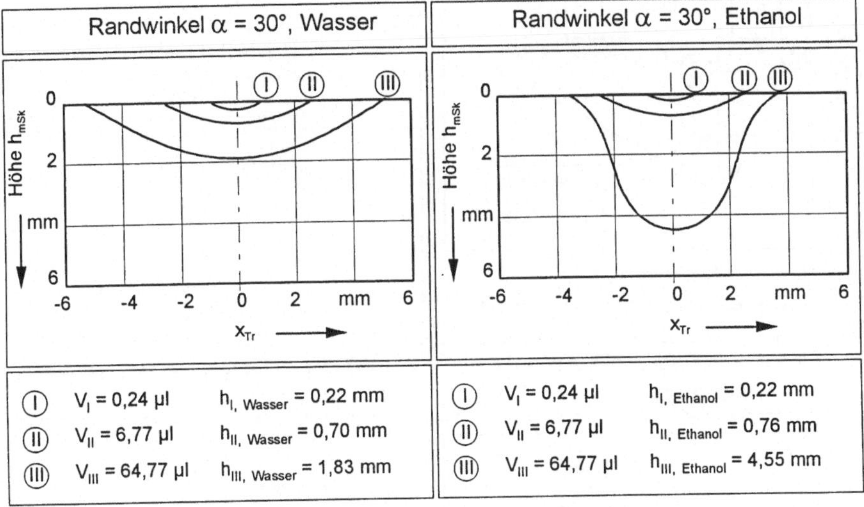

Bild 4.4: Tropfengeometrien für Wasser und Ethanol bei konstantem Randwinkel α unter Schwerkrafteinfluß

4.1.2 Tropfengeometrien ohne Schwerkrafteinfluß

Unter Vernachlässigung der Schwerkraft für kleine Flüssigkeitsvolumina erhält man unter Voraussetzung eines konstanten Randwinkels α des Adhäsivs zur Greiferoberfläche folgende Beziehung zwischen Tropfenhöhe und dosiertem Flüssigkeitsvolumen (Bild 4.5):

$$h_{oSk}^3 = \frac{3V}{\left(\frac{3}{1-\cos\alpha} - 1\right)\cdot\pi} \qquad (4\text{-}12)$$

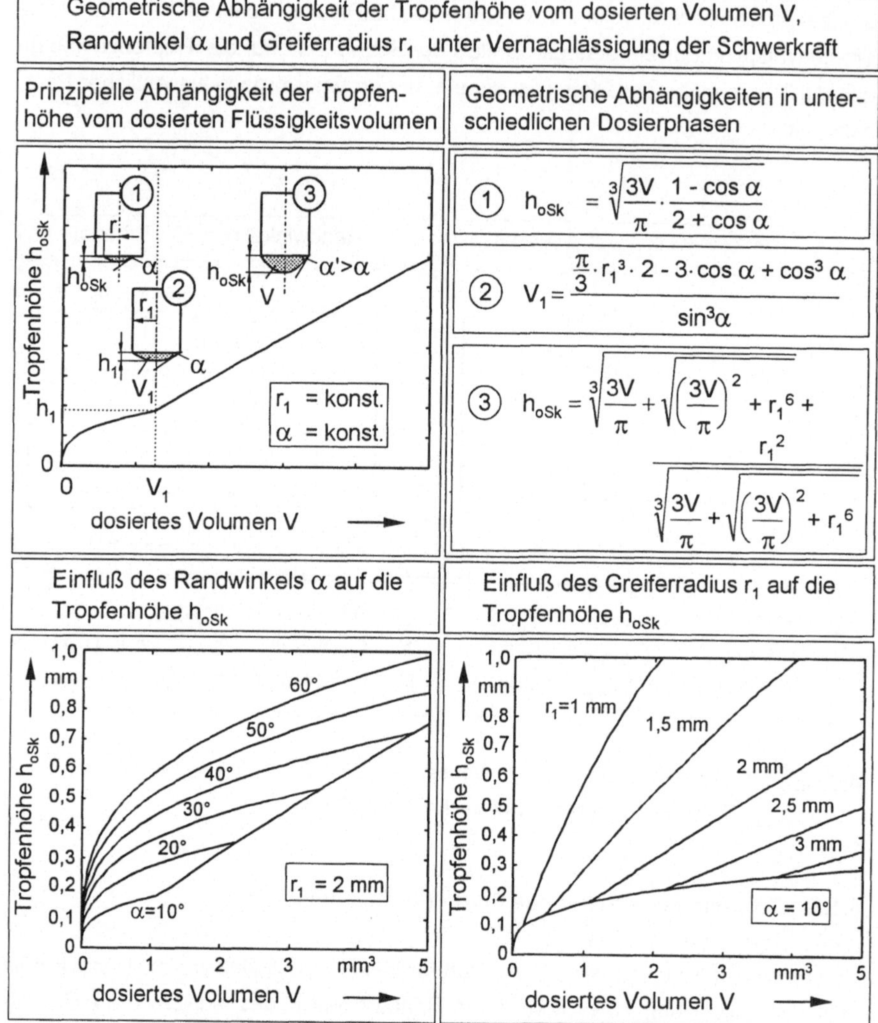

Bild 4.5: Abhängigkeit der Tropfenhöhe vom dosierten Volumen

Die Höhe h_{oSk} in Abhängigkeit von der dosierten Flüssigkeitsmenge beträgt somit:

$$h_{oSk} = \sqrt[3]{\frac{3V}{\pi} \frac{1}{\left(\frac{3}{1-\cos\alpha} - 1\right)}} = \sqrt[3]{\frac{3V}{\pi} \cdot \frac{1-\cos\alpha}{2+\cos\alpha}} \quad \text{für } h_{oSk} \le h_1,\ V \le V_1. \tag{4-13}$$

Bei Erreichen eines kreisförmigen Greiferrandes mit Radius r_1 durch die Flüssigkeit gilt:

$$r_1 = \frac{h_{oSk}}{1-\cos\alpha} \cdot \sin\alpha . \tag{4-14}$$

Das Volumen V_1 bei Erreichen des Randes beträgt:

$$V_1 = \frac{\frac{\pi}{3} \cdot r_1^3 \cdot 2 - 3 \cdot \cos\alpha + \cos^3\alpha}{\sin^3\alpha} . \tag{4-15}$$

Beim Erreichen des Greiferrandes durch die Flüssigkeit sind unterschiedlich große Randwinkel in stabiler Gleichgewichtslage möglich [Schubert 1982]. Somit gilt folgende Beziehung:

$$V = \frac{\pi}{6} h_{oSk} \left(3r_1^2 + h_{oSk}^2\right) \qquad \text{für} \qquad h_{oSk} > h_1,\ V > V_1 . \tag{4-16}$$

Bei Auflösung nach h_{oSk} ist eine reelle Lösung:

$$h_{oSk} = \sqrt[3]{\frac{3V}{\pi} + \sqrt{\left(\frac{3V}{\pi}\right)^2 + r_1^6}} + \frac{r_1^2}{\sqrt[3]{\frac{3V}{\pi} + \sqrt{\left(\frac{3V}{\pi}\right)^2 + r_1^6}}} . \tag{4-17}$$

Die Grenzen dieser Betrachtung liegen im Abfallen des Flüssigkeitstropfens vom Greifer durch Schwerkrafteinflüsse. Damit der Tropfen nicht abfällt, gelten die folgenden Beziehungen:

$$F_{Adh} \geq G_{Adh} \tag{4-18}$$

$$F_{Adh} = 2 \cdot \pi \cdot r_{Greif} \cdot \gamma \tag{4-19}$$

$$G_{Adh} = V \cdot \rho \cdot g \tag{4-20}$$

Somit gilt für das maximal dosierbare Flüssigkeitsvolumen in Abhängigkeit von der Dichte ρ und der Oberflächenspannung γ des Adhäsivs sowie des Greiferradius' r_{Greif} die folgende Beziehung:

$$V_{max} = \frac{2 \cdot \pi \cdot \gamma}{g \cdot \rho} \cdot r_{Greif} \tag{4-21}$$

4.1.3 Modell der Tropfengeometrie

In Bild 4.6 ist die Tropfenhöhe h über dem dosierten Volumen V mit (h_{mSk}) und ohne (h_{oSk}) Berücksichtigung der Schwerkraft sowie der absolute (Δh_{abs}) und der relative Fehler (Δh_{rel}) für die Flüssigkeiten Wasser und Ethanol bei den Randwinkeln 10°, 30° und 90° dargestellt.

Dabei wird deutlich, daß sowohl mit steigendem dosierten Flüssigkeitsvolumen als auch mit sinkender Oberflächenspannung der Flüssigkeit der Fehler durch Vernachlässigung der Schwerkraft größer wird.

Da die Bestimmung der Tropfengeometrie unter Schwerkrafteinfluß komplexe mathematische Berechnungen erfordert, ist eine Verfahrensweise sinnvoll, bei der die Tropfenhöhe ohne Schwerkraft berechnet und diese anschließend durch die Verwendung eines Korrekturfaktors berücksichtigt wird.

Zur vereinfachten Berechnung der Tropfenhöhe h wird folgendes Modell verwendet:

$$h = h_{oSk} + \chi \cdot h_{oSk} \tag{4-22}$$

mit dem Korrekturfaktor

$$\chi = \Delta h_{rel}. \tag{4-23}$$

Der Korrekturfaktor χ läßt sich für alle Adhäsive und Randwinkel tabellieren und ist in Bild 4.6 exemplarisch für die beiden Adhäsive Wasser und Ethanol mit den Randwinkeln 10°, 30° und 90° dargestellt. Bei Werten, die zwischen den tabellierten liegen, wird linear interpoliert.

Für die zu betrachtenden Flüssigkeitsvolumina von V < 5 µl für das Greifen kleiner Bauteile ist durch diese Vereinfachung ein hinreichend genaues Modell für die Berechnung der Verfahrensparameter erstellt.

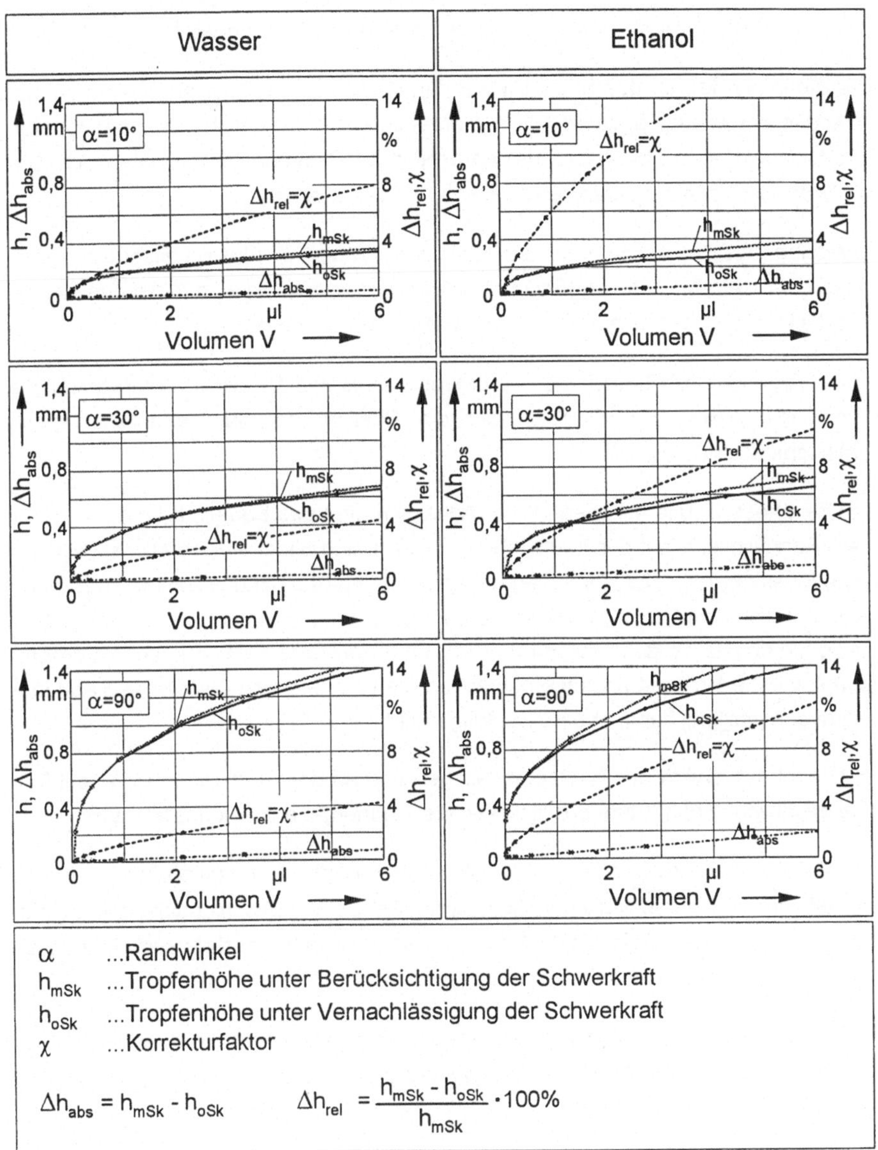

Bild 4.6: Tropfenhöhe h mit und ohne Schwerkrafteinfluß

4.2 Mathematisches Modell der auf das Bauteil wirkenden Kräfte

Die Kenntnis der auf das Bauteil wirkenden Kräfte beim adhäsiven Greifen ist von besonderer Bedeutung, da sich die Verfahrensgrenzen bezüglich des handhabbaren Produktspektrums vorwiegend aus den Greifkräften ergeben. Zudem leiten sich eine Vielzahl von Verfahrensparametern aus den Greifkräften ab.

Grundlegende Untersuchungen zu kapillaren Kräften in Flüssigkeitsbrücken zwischen Partikeln wurden von [Schubert 1982] durchgeführt, die im folgenden Kapitel auf die Bedingungen beim adhäsiven Greifen erweitert werden.

Dabei liegen in den Phasen des Greifprozesses aus Bild 4.1 jeweils unterschiedliche Randbedingungen vor, die sich auf die Bestimmung der Verfahrensgrenzen unterschiedlich auswirken.

In Greifphase 2 (Bild 4.1) berührt der Adhäsivtropfen das Bauteil, breitet sich unter dem Randwinkel α auf der Bauteiloberfläche aus und bildet eine rotationssymmetrische Flüssigkeitsbrücke. Da in den darauffolgenden Phasen das Bauteil angezogen wird und sich somit der Abstand von Greifer zu Bauteil verringert, wobei sich gleichzeitig die benetzte Fläche aufgrund der Volumenkonstanz der Flüssigkeit vergrößert und somit die Haftkraft ansteigt, begrenzen die in Greifphase 2 wirkenden Abhebekräfte das maximal handhabbare Bauteilgewicht.

In Greifphase 3 wird das Bauteil angezogen und an der Greifergeometrie zentriert. Die dabei wirkenden Kräfte beschränken die Zentriergenauigkeit des Verfahrens.

In Greifphase 4 wird das Bauteil an der Greiferoberfläche gehalten, während sich der Greifer mit unterschiedlichen Geschwindigkeiten und Beschleunigungen zur Fügeposition bewegt. Die in dieser Phase wirkenden Kräfte beschränken die zulässigen Beschleunigungen des Handhabungsgeräts.

In Greifphase 5 müssen zum Ablösen des Bauteils vom Greifer die zwischen Greifer und Bauteil wirkenden Haltekräfte überwunden werden.

4.2.1 Geometrische Bedingungen

Zur Berechnung der im Moment des Abhebens auf das Bauteil wirkenden Kräfte (Greifphase 2, Bild 4.1) wird von der allgemein bekannten Laplace-Gleichung ausgegangen. Unter der Vereinbarung, daß die Flüssigkeitsbrücke eine größere Dichte als die Umgebung hat, gilt:

$$p_k = p_i - p_a = \gamma \cdot \left(\frac{1}{R_1} + \frac{1}{R_2} \right) \qquad (4\text{-}24)$$

mit

p_k Kapillardruck

p_i Druck innerhalb der Flüssigkeitsbrücke

p_a Druck außerhalb der Flüssigkeitsbrücke

γ Grenzflächenspannung

R_1 1. Hauptkrümmungsradius der Spannungsfläche

R_2 2. Hauptkrümmungsradius der Spannungsfläche.

Die geometrischen Bedingungen in Greifphase 2 sind in Bild 4.7 dargestellt.

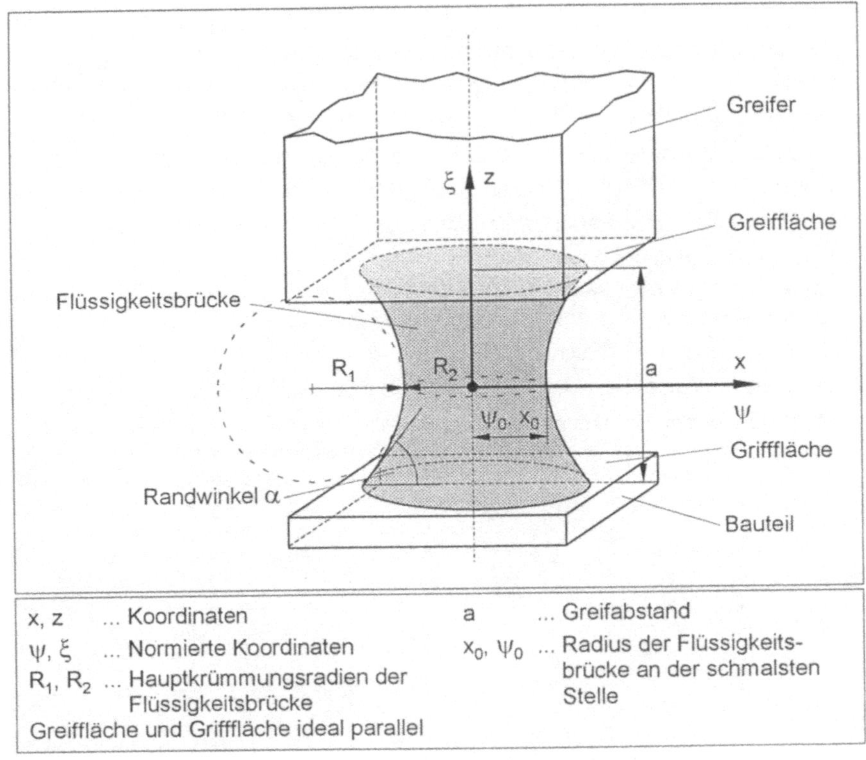

Bild 4.7: Geometrische Bedingungen beim Abheben des Bauteils

4.2.2 Profil der Flüssigkeitsbrücke zwischen Greifer und Bauteil

Die Ausbildung der Flüssigkeitsbrücke zwischen Greiffläche und Grifffläche ist ein Vorgang, bei dem sich jeweils dynamische Vorrück- und Rückzugsrandwinkel zwischen dem Adhäsiv und den Oberflächen von Greifer und Bauteil ausbilden, die den Gleichgewichtszustand und somit den in der Literatur tabellierten Randwinkel α erst nach einer sog. Relaxationszeit erreichen [Schubert 1982]. Gleichzeitig wird das Bauteil an die Greiffläche gezogen, was zu einer Änderung der geometrischen Bedingungen für die Flüssigkeitsbrücke führt.

Eine dynamische Berechnung der Geometrie der Flüssigkeitsbrücke während der Greifphasen 2 und 3 gestaltet sich als sehr komplexes Problem.

Zur Berechnung des Flüssigkeitsprofils zwischen Greifer und Bauteil in Greifphase 2, das die maximalen Abhebekräfte bestimmt, werden die folgenden Vereinfachungen getroffen:

- Die Schwerkraft wird bei der Berechnung des Profils der Flüssigkeitsbrücke vernachlässigt. Eine Fehlerbetrachtung unter Einbeziehung des Schwerkrafteinflusses wird angeschlossen.
- Die Flüssigkeitsbrücke und das Bauteil sind räumlich fest, die Untersuchungen werden für den statischen Zustand durchgeführt.
- Die Randwinkel α zwischen Greifer und Flüssigkeit sowie zwischen Bauteil und Flüssigkeit sind gleich groß.
- Bauteil- und Greiferoberfläche sind ideal parallel.

Damit erhält man aus Gleichung (4-24) mit den geometrischen Verhältnissen in Bild 4.7, die im Moment des Aufnehmens des Bauteils gelten, unter Verwendung der Gleichungen für den Krümmungsradius und Kreis [Bronstein 1987] die Beziehung für den Kapillardruck:

$$p_k = \gamma \frac{\frac{d^2x}{dz^2}}{\sqrt{\left(1+\left(\frac{dx}{dz}\right)^2\right)^3}} - \gamma \frac{1}{x\sqrt{1+\left(\frac{dx}{dz}\right)^2}} . \qquad (4\text{-}25)$$

Da die z-Achse mit der Rotationsachse zusammenfällt, handelt es sich um ein ebenes Problem, es brauchen daher die Berandungen von Flüssigkeitsbrücken und Festkörpern lediglich als Projektionskurven in der x, z-Ebene betrachtet zu werden.

Führt man den Greifabstand a als charakteristische Länge ein, so erhält man die bezogenen, dimensionslosen Koordinaten

$$\xi = \frac{z}{a}, \qquad \psi = \frac{x}{a}. \tag{4-26}$$

Der bezogene Kapillardruck $\overline{p_k}$ läßt sich in entsprechender Weise bilden:

$$\overline{p_k} = \frac{p_k}{\gamma} \cdot a. \tag{4-27}$$

Mit den bezogenen Größen ergibt eine Umformung der Gleichung (4-25) in eine gewöhnliche Differentialgleichung 2. Ordnung:

$$\psi'' - \overline{p_k}(1+\psi'^2)^{\frac{3}{2}} - \frac{1+\psi'^2}{\psi} = 0. \tag{4-28}$$

Setzt man weiter voraus, daß sowohl Bauteil als auch Greifer mit dem Adhäsiv denselben Randwinkel α ausbilden, so erhält man aus Symmetriegründen an der Stelle $\xi_1 = 0$ die Steigung $\frac{d\psi}{d\xi_1} = 0$.

Unter Zuhilfenahme dieser Randbedingungen läßt sich aus Gleichung (4-28) mit Hilfe numerischer Verfahren der bezogene Kapillardruck $\overline{p_k}$ berechnen.

Unter Verwendung von Gleichung (4-27) und der Grenzflächenspannung γ des verwendeten Adhäsivs sowie den Randwinkeln α zu den Greifer- und Bauteiloberflächen ist der Kapillardruck p_k und somit das Profil der Flüssigkeitsbrücke berechenbar.

Bild 4.8 zeigt das mittels Gleichung (4-28) berechnete Flüssigkeitsprofil zwischen Greifer und Bauteil für ausgewählte Parameter.

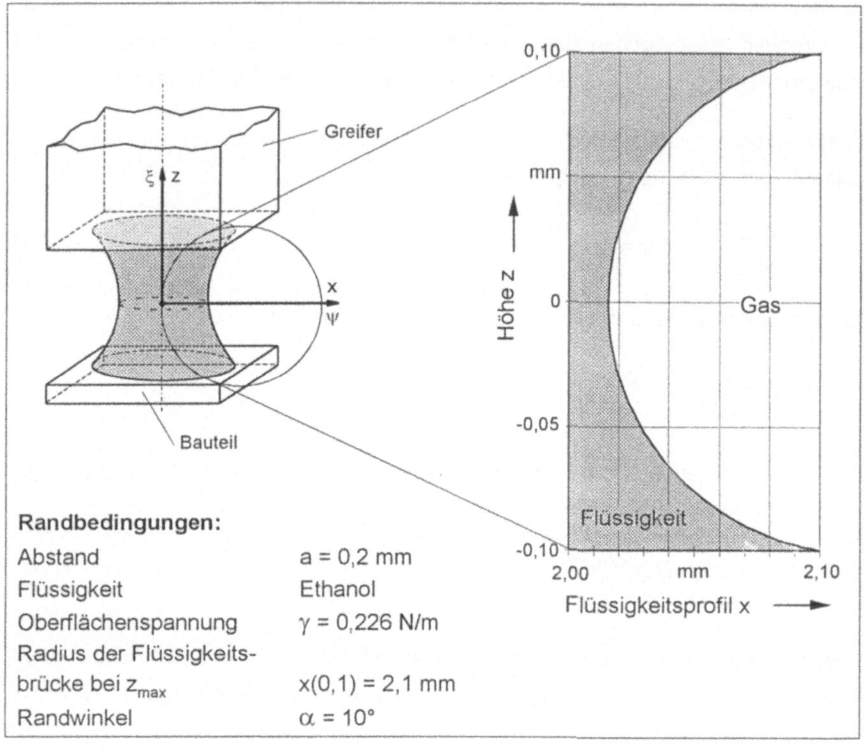

Bild 4.8: Flüssigkeitsprofil

4.2.3 Kraftberechnung

Durch einen senkrechten Schnitt an der Stelle $z_1 = 0$ (Bild 4.8) läßt sich ein Kräftegleichgewicht aufstellen, das zur Beziehung für die Abhebekraft F_{Abh} führt:

$$F_{Abh} = p_k \cdot \pi \cdot a^2 \cdot \psi_0^2 + 2 \cdot \pi \cdot \gamma \cdot a \cdot \psi_0 \tag{4-29}$$

mit

$$a \cdot \psi_0 = x_0. \tag{4-30}$$

x_0 ... Radius der Flüssigkeitsbrücke an der "schmalsten" Stelle ξ_1=0, wobei

$F_k = p_k \cdot \pi \cdot x_0^2$ den Kapillarkraftanteil und (4-31)

$$F_{Adh} = 2 \cdot \pi \cdot \gamma \cdot x_0 \qquad \text{den Adhäsionskraftanteil} \tag{4-32}$$

darstellen.

In Bild 4.9 ist der Zusammenhang zwischen der Abhebekraft F_{Abh}, dem Abstand a zwischen Bauteil und Greifer und dem dosierten Flüssigkeitsvolumen V bei konstantem Randwinkel α=10° dargestellt. Deutlich wird dabei das starke Anwachsen der Abhebekraft F_{Abh} für kleine Greifabstände a.

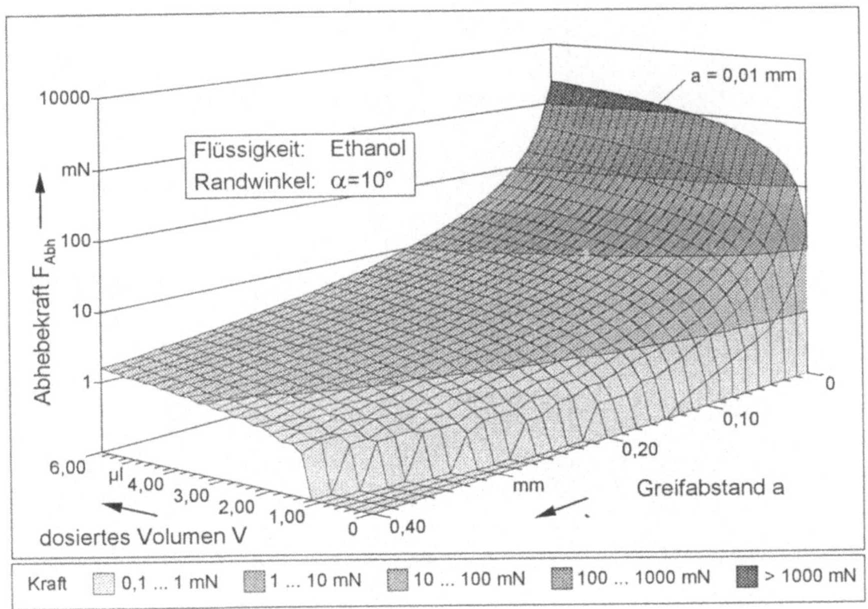

Bild 4.9: Abhängigkeit der Abhebekraft F_{Abh} vom Abstand a und vom dosierten Volumen V

Um den Fehler durch die Vernachlässigung der Schwerkraft bei der Berechnung des Flüssigkeitsprofils abzuschätzen, wird folgende Betrachtung durchgeführt:

Der Kapillardruck in der Flüssigkeitsbrücke p_k, Gleichung (4-25), wird dem hydrostatischen Druck der Flüssigkeitssäuie p_{Hyd} gegenübergestellt. Der relative Fehler Δp_k wird folgendermaßen definiert:

$$\Delta p_k = \frac{p_{Hyd}}{|p_k|} . \tag{4-33}$$

Unter den geometrischen Verhältnissen aus Bild 4.7 ergibt sich:

$$\Delta p_k = \frac{\rho \cdot g \cdot a}{|p_k|}. \tag{4-34}$$

Da sich p_k nicht geschlossen darstellen läßt, sind in Bild 4.10 die Grenzbedingung und die sich ergebenden Fehler Δp_k für Ethanol für den festen Randwinkel $\alpha = 30°$ exemplarisch dargestellt.

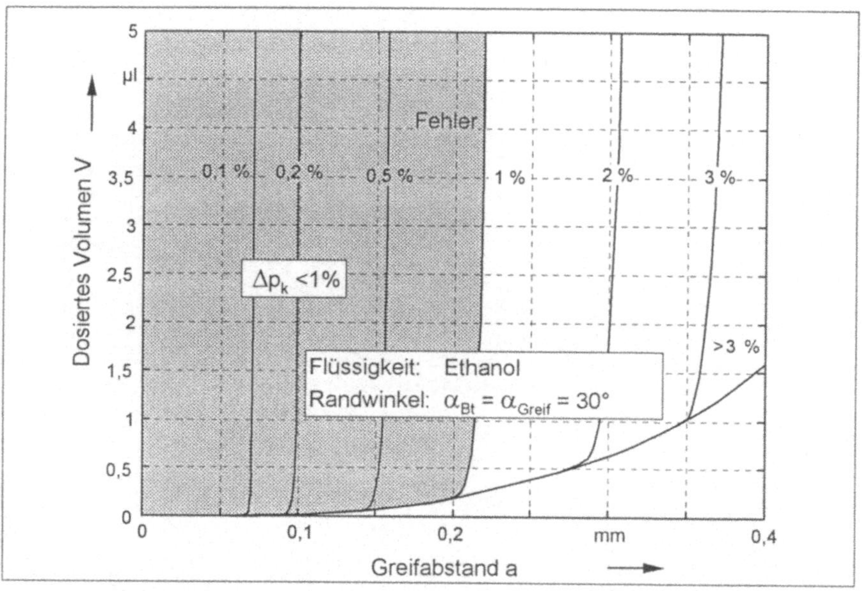

Bild 4.10: Maximaler Fehler Δp_k in Abhängigkeit vom Greifabstand a und dem dosierten Volumen V für Ethanol

Bei der Greifkraftberechnung geht der Fehler Δp_k nur in den Kapillarkraftanteil ein (siehe Gleichung (4-29)), so daß für den Fehler bei der Berechnung der Abhebekraft ΔF gilt:

$$\frac{\Delta F}{F} \leq \frac{\Delta p_k}{p_k} \tag{4-35}$$

Aus Bild 4.10 läßt sich für die gewählten Parameter ein Fehler bei der Berechnung der Abhebekraft kleiner 1 % in einem Bereich des Greifabstandes a von 0 bis ca. 0,2 mm erkennen.

5 Konzeption der Greifstrategie und der Teilsysteme

5.1 Randbedingungen der Systemkonzeption

Die Teilsysteme des adhäsiven Greifers sind in Bild 5.1 dargestellt.

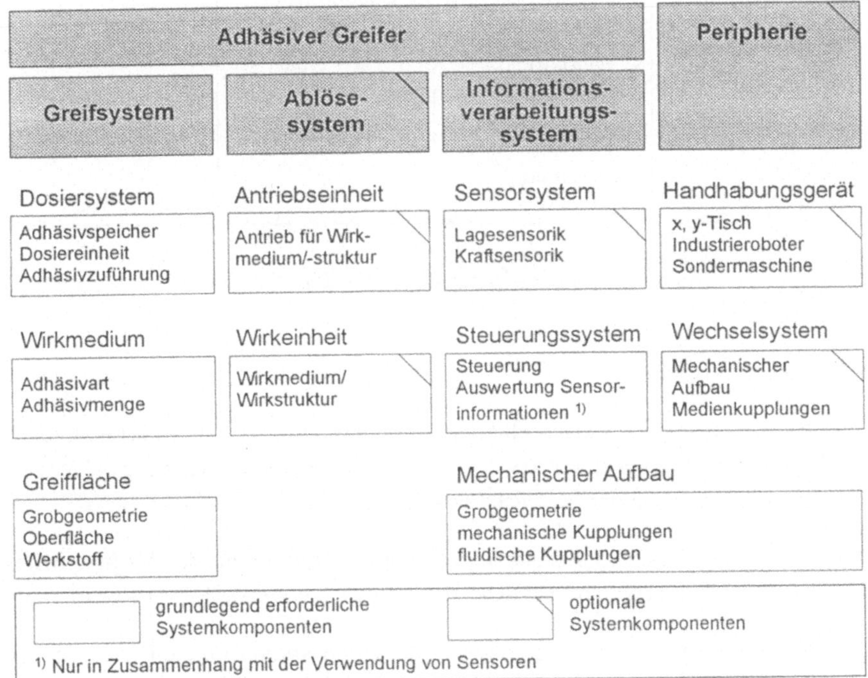

Bild 5.1: Teilsysteme des adhäsiven Greifers

Das Greifen von Bauteilen mit niedrigviskosen Flüssigkeiten wird durch produkt- und prozeßspezifische Einflußparameter charakterisiert. In Bild 5.2 sind die wichtigsten Parameter zusammengefaßt, die über die in Bild 4.2 dargestellten Einflußparameter hinausgehen.

Produktbezogene Einflußparameter	Prozeßbezogene Einflußparameter	Sonstige Einfluß-parameter	Betriebskenn-größen
– Geometrie – Gewicht – Werkstoff – Oberflächen-empfindlichkeit – Steifigkeit	– Zulässige und geforderte Greif-kräfte – Geforderte Fügekräfte – Wiederholge-nauigkeit – Adhäsiv – Beschleuni-gungen	– Umgebungsan-forderungen (Reinraum) – Gesundheits-verträglichkeit	– Taktzeit – Flexibilität – Losgrößen – Qualität

Bild 5.2: Randbedingungen beim adhäsiven Greifen

5.2 Greifvorgang

Das Greifen mit niedrigviskosen Flüssigkeiten basiert darauf, daß zwischen Greifer und Bauteil eine Flüssigkeit appliziert wird, die während des Greifens sowohl mit der Greiffläche als auch mit der Grifffläche des Bauteils in Kontakt steht.

Prinzipiell ergeben sich eine Reihe von Lösungsalternativen für den Verfahrensablauf. Die alternativen Lösungskonzepte sind in Bild 5.3 dargestellt und bewertet.

Grundsätzlich kann beim Greifvorgang unterschieden werden, ob die Dosierung der Flüssigkeit auf der Greiffläche oder auf der Grifffläche erfolgt. Im weiteren läßt sich prinzipiell unterscheiden, ob das Dosiersystem in den Greifer integriert ist, oder ob ein separates, vom Greifer getrenntes Dosiersystem die definierte Adhäsivmenge auf Greif- bzw. Grifffläche aufbringt.

Beim Aufbringen des Adhäsivs auf die Greiffläche mit im Greifer integrierter Dosierung läßt sich weiter nach dem Zeitpunkt der Applikation des Adhäsivs in Relation zum Erreichen der Greifposition unterscheiden. Dabei kann einerseits vor Erreichen der Greifposition die vollständige Menge des Adhäsivs aufgebracht sein, so daß ein quasistationärer Tropfen das Bauteil berührt. Andererseits kann die Dosierung des Adhäsivs erfolgen, nachdem der Greifer in Greifposition ist, was bedeutet, daß während des Ausbildens der Flüssigkeitsbrücke noch Adhäsiv dosiert wird.

Lösungsalternative \ Bewertungskriterium			Kurze Taktzeit	Prozeßsicherheit	Regelung vor Aufnehmen	Regelung während Halten	geringer Programmieraufwand	Flexibilität
Applikation der Flüssigkeit auf die Greiffläche	Dosierung extern	1. 2. 3. 4.	○	●	●	○	●	◐
	Dosierung integriert	1. 2. 3. 4.	●	●	●	●	●	●
Applikation der Flüssigkeit auf die Grifffläche	Dosierung extern	1. 2. 3. 4.	○	◐	○	○	●	○
	Dosierung integriert	1. 2. 3. 4.	●	◐	○	○	●	○

● gut ◐ mittel ○ schlecht

Bild 5.3: Lösungskonzepte zum Greifvorgang

Die Verfahren mit externer Dosierung besitzen einen Taktzeitnachteil, da zum Flüssigkeitsauftrag eine gesonderte Dosierposition angefahren werden muß. Die Dosierung der Flüssigkeit auf das Bauteil ist nur für flache und unstrukturierte Bauteiloberflächen reproduzierbar möglich, was das handhabbare Teilespektrum und somit die Flexibilität stark einschränkt. Eine integrierte Dosierung ermöglicht zudem eine Regelung der Flüssigkeitsmenge während des Haltens. Die Regelung der Flüssigkeitsmenge vor dem Aufnehmen läßt sich durch integriertes Dosieren des Adhäsivs auf der Greiffläche vor dem Anfahren der Greifposition ermöglichen. Somit bietet die integrierte Dosierung der Flüssigkeit auf der Greiffläche die meisten Vorteile und wird für die weitere Entwicklung des Greifsystems ausgewählt.

5.3 Greifsystem

5.3.1 Wirkmedium und Greiffläche

Wie in Kapitel 2 bereits dargelegt wurde, liegt beim adhäsiven Greifen ein Drei-Phasen-System vor, das aus Feststoff, Flüssigkeit und umgebendem Gas gebildet wird und gemeinsam betrachtet werden muß. Aus diesem Grund wird die Konzeption von Wirkmedium und Greiffläche in diesem Kapitel gemeinsam durchgeführt.

Das Wirkmedium hat großen Einfluß auf sämtliche Phasen des Greifprozesses (Bild 4.2) und bestimmt somit sowohl die Verfahrensparameter als auch einzelne Anforderungen an die Teilsysteme. Da die Auswahl des Wirkmediums von produktbezogenen Einflußparametern abhängig ist, wird ein Lösungsraum für alternative Adhäsive aufgezeigt, um die Anforderungen an die zu entwickelnden Teilsysteme festzulegen.

Bei der Adhäsivauswahl sind eine Reihe von Kriterien zur Bewertung der Alternativen heranzuziehen, die den das Adhäsiv kennzeichnenden Größen in Bild 5.4 gegenübergestellt sind.

Auswahlkriterien für das Adhäsiv	Kennzeichnende Parameter
- Abhebekraft - Zentriergenauigkeit - Beeinträchtigung nachgeschalteter Prozesse - Beeinträchtigung der Funktion des Bauteils - Beeinträchtigung der Umgebung durch gesundheitsschädliche oder korrosive Dämpfe - Kosten - Lagerfähigkeit - Dosierbarkeit - Rückstandsfreies Verdampfen	γ... Grenzflächenspannung α... Randwinkel η... Viskosität δ... Diffusionkoeffizient ρ... Dichte R_i... Gaskonstante P... Dampfdruck μ... Dipolmoment M... Molmasse Toxizität Langzeitstabilität pH-Wert Reinheitsgrad

Bild 5.4: Kriterien zur Adhäsivauswahl

Die Berechnung der Abhebekräfte (Kapitel 4.2) ist nur für ausgewählte Kombinationen aus Adhäsiv und Werkstoff möglich, da insbesondere für den Randwinkel α von unterschiedlichen Adhäsiven gegenüber unterschiedlichen Oberflächenmaterialien und -rauhigkeiten keine allgemeinen Kenntnisse vorliegen. Daher wird eine experimentelle Untersuchung der Abhebekräfte unterschiedlicher Flüssigkeiten auf unterschiedlichen Materialien durchgeführt. Die Beschränkung auf einzelne Stellvertreter unterschiedlicher Flüssigkeitsgruppen ist aufgrund der Vielzahl der in Frage kommenden Substanzen notwendig, wobei toxische Substanzen aufgrund ihrer Aggressivität und Öle aufgrund der Verschmutzung der Bauteile ausgeschlossen werden. Die Verwendung von Ölen beispielsweise für die Getriebemontage kann allerdings durchaus sinnvoll sein.

Die Auswahl der Versuchsflüssigkeiten (Bild 5.5) erfolgt unter folgenden Randbedingungen:

- Die Flüssigkeit wird als Reinigungsflüssigkeit in der Elektronikfertigung verwendet.
- Vertreter von heteropolaren, homeopolaren und gemischten Flüssigkeitsgruppen werden untersucht.
- Die Flüssigkeit entwickelt keine gesundheitsschädlichen Dämpfe.
- Der Viskositätsbereich von 0,3 bis 3 mPa wird abgedeckt.
- Bei Verwendung hochreiner Flüssigkeiten erfolgt rückstandsfreies Verdampfen.

Stoff	Chem. Formel	Molmasse M [g/mol]	Dichte ρ [kg/m^3]	Grenzflächen spannung γ [N/m]	Dyn. Viskosität η [mPa s]	Gaskonstante R_i [J/(kgK)]
Wasser	H_2O	18	998,2	0,0728	1,005	461,92
Ethanol	C_2H_5OH	46	789,2	0,0223	1,200	180,75
Aceton	$(CH_3)_2CO$	58	796,0	0,0237	0,316	143,35
Butanol	C_4H_9OH	74	809,8	0,0204	2,948	112,36
Isopropanol	C_3H_8O	60	786,0	0,0214	2,383	138,58
1-Propanol	C_3H_8O	60	804,4	0,0237	2,256	138,58

Bild 5.5: Stoffwerte ausgewählter Flüssigkeiten [Hütte 1967, Atkins 1979, Schubert 1982]

Wie aus den theoretischen Betrachtungen in Kapitel 4 hervorgeht, hat neben dem Adhäsiv die Greiffläche entscheidenden Einfluß auf die Tropfenausbildung in Greifphase 1 und die wirksamen Kräfte in den Greifphasen 2 bis 5. Dadurch ergeben sich für alle Greifphasen unterschiedliche Anforderungen, die zu einem Lösungsraum führen, der zu einer Gesamtlösung integriert werden muß.

Die Einflüsse der Greiffläche gliedern sich in Einflüsse des Werkstoffs, der Oberflächenstruktur und der Grobgeometrie, die einander jeweils beeinflussen.

Da sich aus der Analyse ergibt, daß eine Vielzahl unterschiedlicher Werkstoffe der Grifffläche am Bauteil auftreten kann, wird ein Lösungsraum zur Bestimmung des Werkstoffs der Greiffläche festgelegt. Dabei sind als Beurteilungskriterien die Herstellbarkeit der geforderten Strukturen und Oberflächen, die Resistenz gegen Adhäsive, die Verträglichkeit mit dem Bauteilwerkstoff, die Erzeugung maximaler Abhebekräfte und Zentriereigenschaften zu berücksichtigen.

Die Eignung der ausgewählten Adhäsive und Werkstoffe der Greifflächen für das adhäsive Greifen wird experimentell untersucht, da auf keine gesicherten tabellierten Ausgangswerte zurückgegriffen werden kann. In Bild 5.6 ist der Versuchsaufbau zur Messung der Abhebekraft F_{Abh} dargestellt.

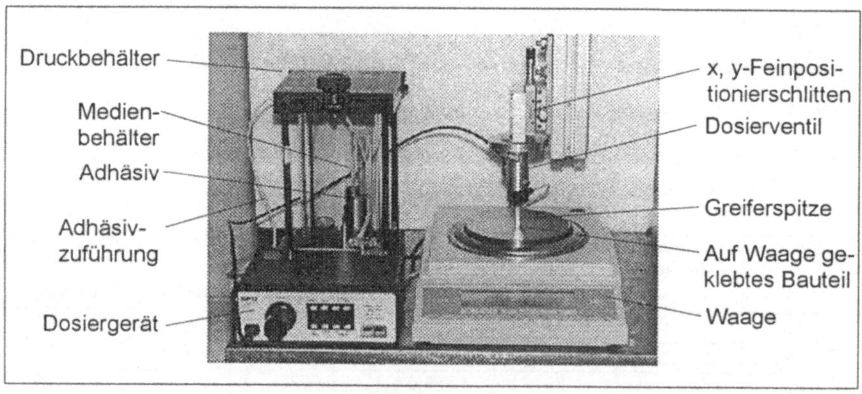

Bild 5.6: Versuchsaufbau zur Messung der Abhebekraft F_{Abh} für unterschiedliche Adhäsive und Werkstoffe der Greiffläche

Bei den Versuchen wurden als Bauteile ungehäuste Elektronikchips aus Silizium verwendet, um für alle variierten Versuchsparameter repräsentative Bedingungen zu erhalten. Variiert wurden die Parameter "Adhäsiv", "Werkstoff der Greiffläche" und "Greifabstand". Dabei wurde jeweils die maximale Abhebekraft aufgezeichnet (Bild 5.7). Es ergeben sich Diagramme, deren Verläufe den in Kapitel 4.2 berechneten Abhängigkeiten entsprechen.

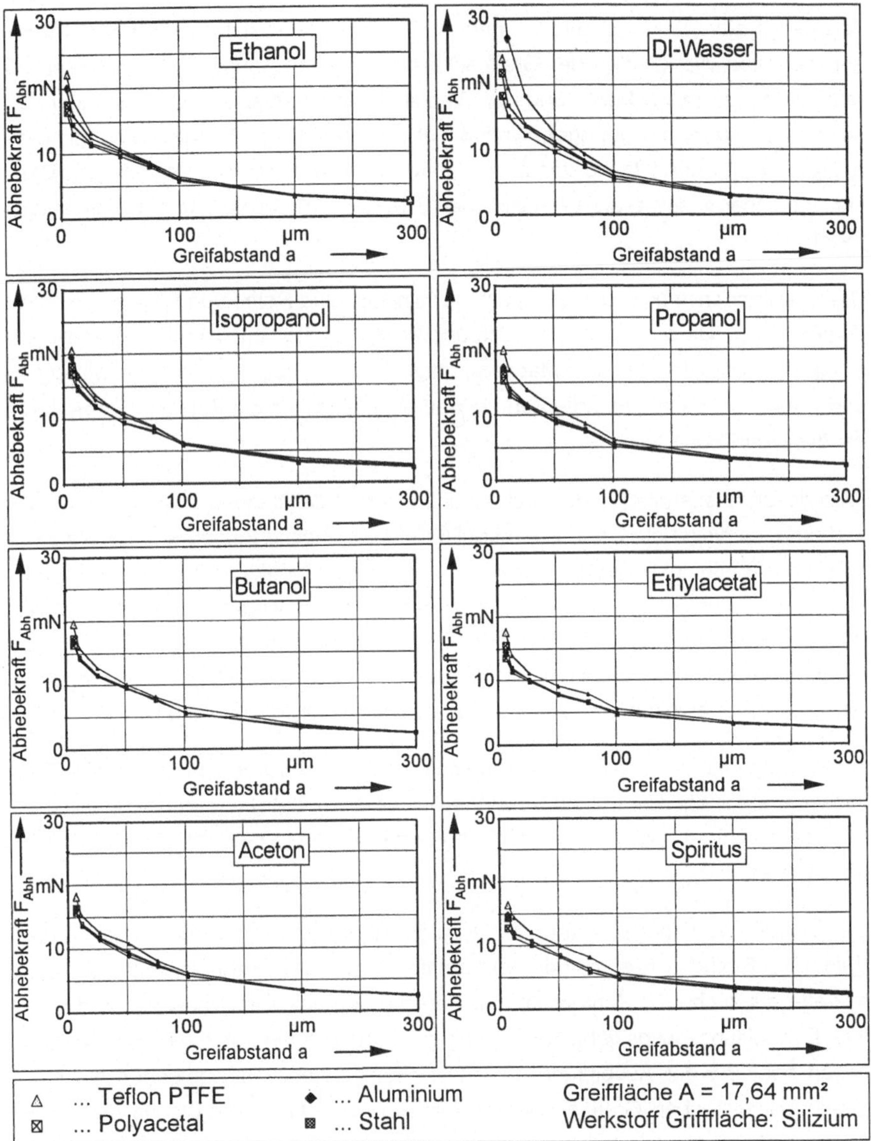

Bild 5.7: Abhebekraft F_{Abh} in Abhängigkeit vom Greifabstand a für unterschiedliche Adhäsive und Werkstoffe der Greiffläche

Aus den Kraftverläufen in Bild 5.7 geht hervor, daß deionisiertes Wasser (DI-Wasser) bei allen Werkstoffen der Greiffläche die höchsten Abhebekräfte aufweist. Allerdings haben das Adhäsiv und der Werkstoff der Greiffläche im betrachteten Lösungsraum nur einen geringen Einfluß auf die Greifkräfte. Aufgrund der höchsten auftretenden Greifkräfte werden als Adhäsiv für die weiteren Untersuchungen Wasser und Ethanol sowie als Werkstoff der Greiffläche Aluminium und Teflon ausgewählt.

Die Oberflächenstruktur der Greiffläche beeinflußt eine Reihe von Parametern beim Greifvorgang. Dies sind der Vorrückrandwinkel α_a, der ausgebildete Randwinkel α_{Greif}, der stark von der Oberflächenrauhigkeit der benetzten Fläche abhängig ist und in die Abhebekraft und die Zentrierkraft eingeht, sowie die Reibungsverhältnisse bei der Zentrierung.

Wird davon ausgegangen, daß sich Greiffläche und Grifffläche in der Zentrierphase berühren, so nimmt die Oberflächenstruktur der Greiffläche Einfluß auf den Reibwert zwischen Greifer und Bauteil. So kann eine rauhe Oberfläche bzw. eine Oberflächenstruktur der Greiffläche mit Rillen senkrecht zur Bewegungsrichtung des Bauteils ein Haken des Bauteils beim Zentriervorgang hervorrufen, was bewirkt, daß sich das Bauteil nicht frei an der Greiffläche zentrieren kann. Dies schränkt die Toleranzausgleichsfähigkeit des Greifers sowie dessen Ablegegenauigkeit ein.

Für eine optimale Zentrierung des Bauteils an der Greiffläche muß somit die Oberflächenstruktur der Greiffläche einer idealen Ebene möglichst nahe kommen, d. h. sowohl Rauheit als auch Welligkeit und Formabweichung müssen möglichst gering gehalten werden.

Der Einfluß der Grobgeometrie wurde durch Vorversuche untersucht und beurteilt (Bild 5.8). "Einfache" Geometrien der Greiffläche zeigen sowohl die höchsten Abhebekräfte als auch eine Zentrierung der Bauteile, weshalb diese Lösung für die weitere Entwicklung ausgewählt wird. Komplexe Greifflächen zentrieren die Bauteile, haben aber bei der Ausbildung des Flüssigkeitstropfens entscheidende Nachteile gegenüber einfachen Greifflächen, da durch die unterbrochene Fläche die Ausbildung des Flüssigkeitstropfens ab einem bestimmten Flüssigkeitsvolumen behindert wird, was den Bereich des möglichen Greifabstandes einschränkt.

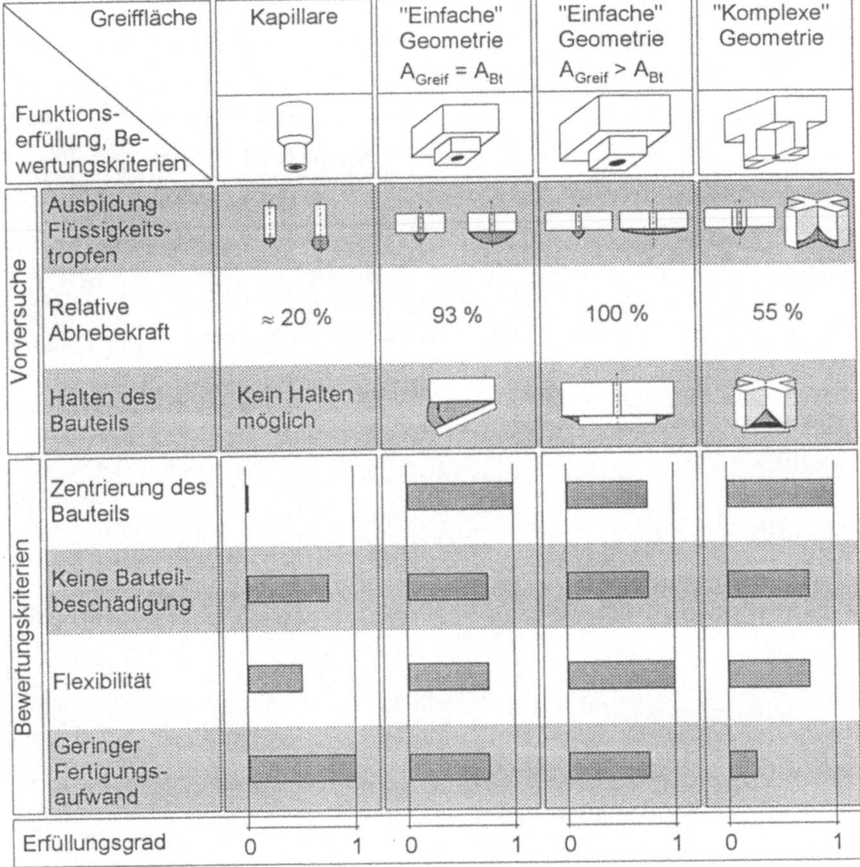

Bild 5.8: Lösungskonzepte zur Geometrie der Greiffläche

5.3.2 Dosiersystem

Die Dosiereinheit ist die zentrale Baugruppe des Dosiersystems und definiert das Flüssigkeitsvolumen zwischen Greifer und Bauteil. In Bild 5.9 sind unterschiedliche Konzepte zum Dosieren der Flüssigkeit auf die Greiffläche bzw. auf das Bauteil dargestellt und bewertet.

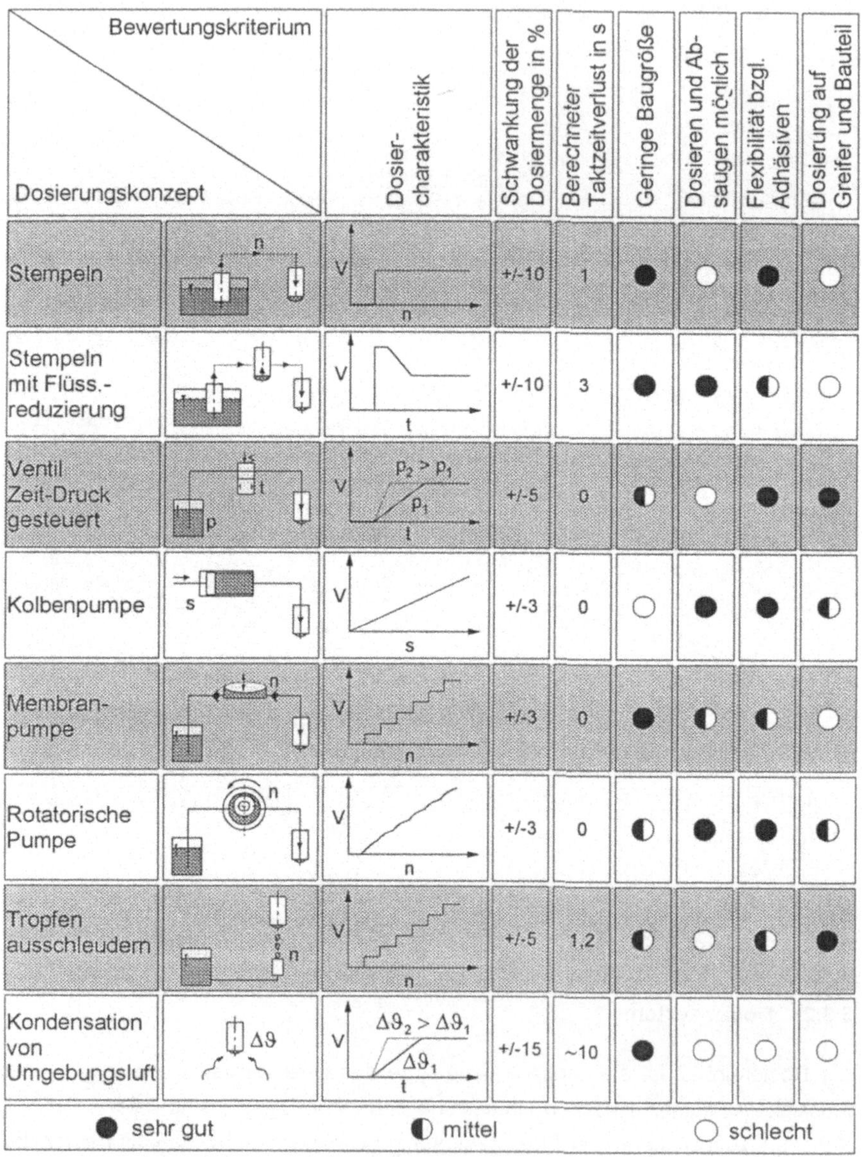

Dosierungskonzept \ Bewertungskriterium		Dosier-charakteristik	Schwankung der Dosiermenge in %	Berechneter Taktzeitverlust in s	Geringe Baugröße	Dosieren und Absaugen möglich	Flexibilität bzgl. Adhäsiven	Dosierung auf Greifer und Bauteil
Stempeln	n	V, n	+/-10	1	●	○	●	○
Stempeln mit Flüss.-reduzierung		V, t	+/-10	3	●	●	◐	○
Ventil Zeit-Druck gesteuert	s, t, p	V, t; $p_2 > p_1$, p_1	+/-5	0	◐	○	●	●
Kolbenpumpe	s	V, s	+/-3	0	○	●	●	◐
Membran-pumpe	n	V, n	+/-3	0	●	◐	◐	○
Rotatorische Pumpe	n	V, n	+/-3	0	◐	●	●	◐
Tropfen ausschleudern	n	V, n	+/-5	1,2	◐	○	◐	●
Kondensation von Umgebungsluft	$\Delta\vartheta$	V, t; $\Delta\vartheta_2 > \Delta\vartheta_1$, $\Delta\vartheta_1$	+/-15	~10	●	○	○	○

● sehr gut ◐ mittel ○ schlecht

Bild 5.9: Konzepte zur Flüssigkeitsdosierung

Bei Systemen, die keine integrierte Möglichkeit zur Reduzierung der dosierten Flüssigkeitsmenge besitzen, ist dies beispielsweise durch Verdampfen der überschüssigen Adhäsivmenge möglich. Bei der aufgezeigten Dosiercharakteristik wird deutlich, daß einzelne Lösungen ausschließlich diskrete Flüssigkeitsvolumina dosieren und somit keine stufenlose Regelung der Adhäsivmenge ermöglichen. Die unterschiedlichen Konzepte zur Dosierung der Flüssigkeit bedingen jeweils unterschiedliche Lösungsmöglichkeiten für den Adhäsivspeicher und die Adhäsivzuführung, die in Bild 5.10 dargestellt sind.

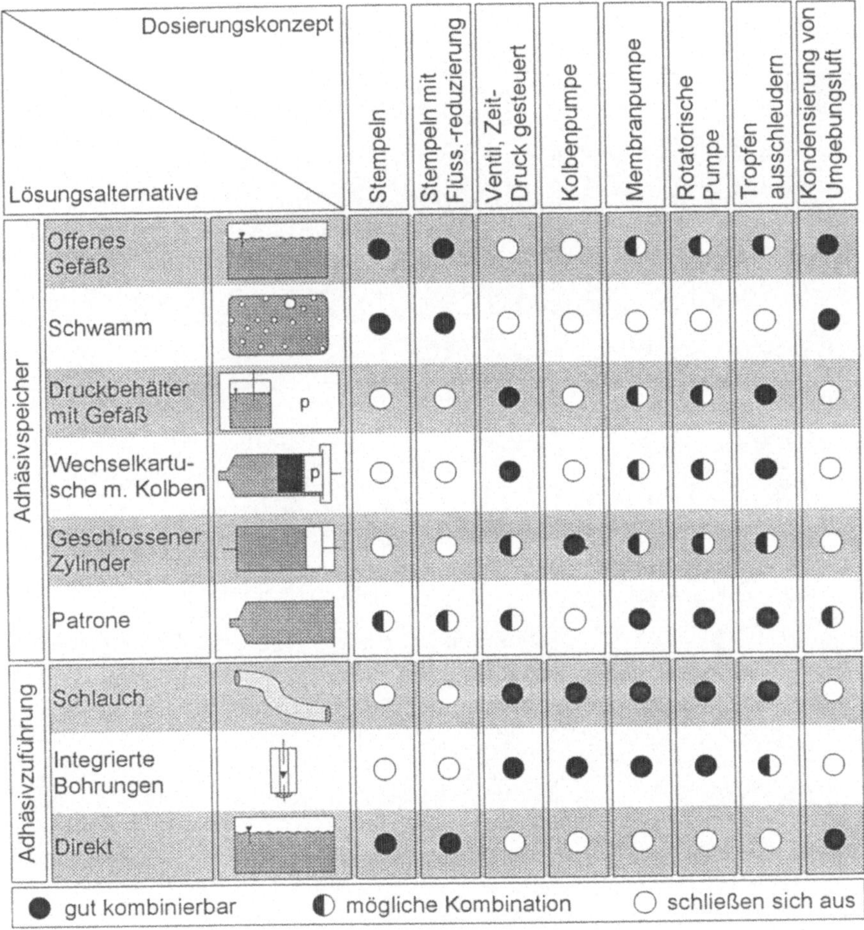

	Lösungsalternative \ Dosierungskonzept	Stempeln	Stempeln mit Flüss.-reduzierung	Ventil, Zeit-Druck gesteuert	Kolbenpumpe	Membranpumpe	Rotatorische Pumpe	Tropfen ausschleudern	Kondensierung von Umgebungsluft
Adhäsivspeicher	Offenes Gefäß	●	●	○	○	◐	◐	◐	●
	Schwamm	●	●	○	○	○	○	○	●
	Druckbehälter mit Gefäß	○	○	●	○	◐	◐	●	○
	Wechselkartusche m. Kolben	○	○	●	○	◐	◐	●	○
	Geschlossener Zylinder	○	○	◐	●	◐	◐	◐	○
	Patrone	◐	◐	◐	○	●	●	●	◐
Adhäsivzuführung	Schlauch	○	○	●	●	●	●	●	○
	Integrierte Bohrungen	○	○	●	●	●	●	◐	○
	Direkt	●	●	○	○	○	○	○	●

● gut kombinierbar ◐ mögliche Kombination ○ schließen sich aus

Bild 5.10: Kombinationsmöglichkeiten der Teilsysteme des Dosiersystems

5.4 Ablösesystem

Beim Ablösen des Bauteils vom Greifer sind unterschiedliche Ablösemechanismen zu unterscheiden, die sich je nach Fügefall unterschiedlich gestalten. Für die am häufigsten auftretenden Fügeverfahren - Kleben, Zusammensetzen, Drahtbonden und Löten - sind in Bild 5.11 die Fügefälle und Ablösemechanismen sowie die Lösungskonzepte aufgeführt.

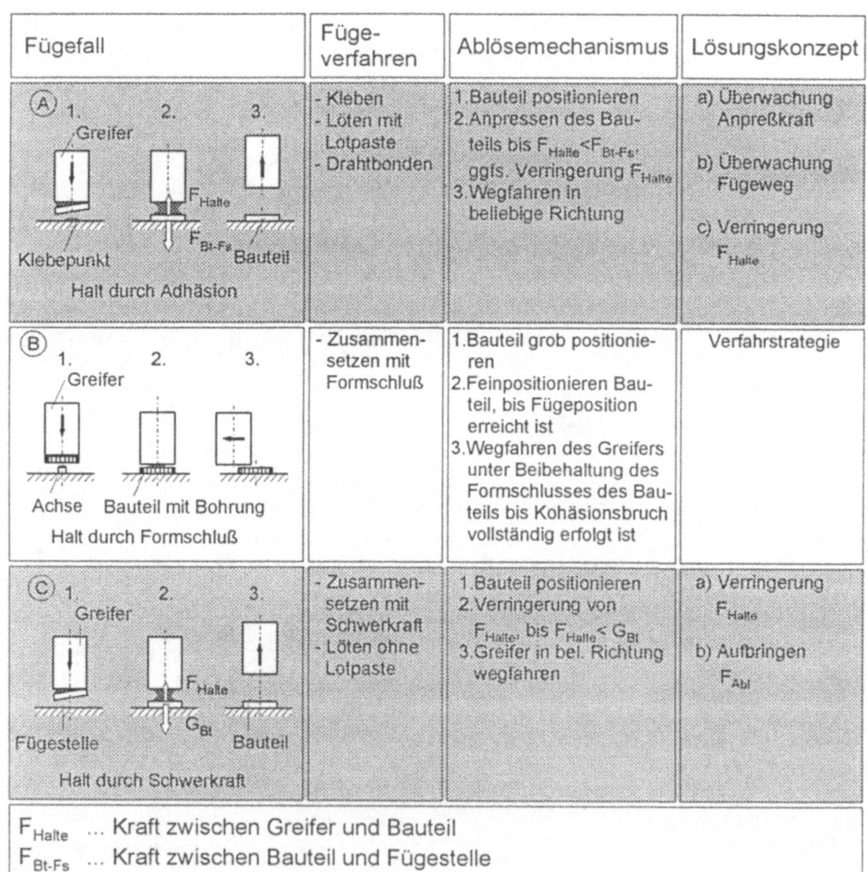

Fügefall	Füge-verfahren	Ablösemechanismus	Lösungskonzept
A 1. 2. 3. Greifer F_{Halte} F_{Bt-Fs} Klebepunkt Bauteil Halt durch Adhäsion	- Kleben - Löten mit Lotpaste - Drahtbonden	1. Bauteil positionieren 2. Anpressen des Bauteils bis $F_{Halte} < F_{Bt-Fs}$, ggfs. Verringerung F_{Halte} 3. Wegfahren in beliebige Richtung	a) Überwachung Anpreßkraft b) Überwachung Fügeweg c) Verringerung F_{Halte}
B 1. 2. 3. Greifer Achse Bauteil mit Bohrung Halt durch Formschluß	- Zusammensetzen mit Formschluß	1. Bauteil grob positionieren 2. Feinpositionieren Bauteil, bis Fügeposition erreicht ist 3. Wegfahren des Greifers unter Beibehaltung des Formschlusses des Bauteils bis Kohäsionsbruch vollständig erfolgt ist	Verfahrstrategie
C 1. 2. 3. Greifer F_{Halte} G_{Bt} Fügestelle Bauteil Halt durch Schwerkraft	- Zusammensetzen mit Schwerkraft - Löten ohne Lotpaste	1. Bauteil positionieren 2. Verringerung von F_{Halte}, bis $F_{Halte} < G_{Bt}$ 3. Greifer in bel. Richtung wegfahren	a) Verringerung F_{Halte} b) Aufbringen F_{Abl}

F_{Halte} ... Kraft zwischen Greifer und Bauteil
F_{Bt-Fs} ... Kraft zwischen Bauteil und Fügestelle
G_{Bt} ... Gewichtskraft des Bauteils

Bild 5.11: Fügefälle und Ablösemechanismen

Beim Fügefall A, der beim Kleben, Löten mit Lotpaste und beim Drahtbonden auftritt, sind die Adhäsionskräfte F_{Bt-Fs} der Klebestelle den Haltekräften F_{Halte} gegenüberzustellen. Überwiegen die Adhäsionskräfte der Klebestelle, so kann der Greifer vom Bauteil weggefahren werden kann, welches an seiner Fügeposition "kleben" bleibt. Ist F_{Bt-Fs} dennoch größer als F_{Halte}, so muß die Haltekraft F_{Halte} zusätzlich verringert werden.

Beim Fügefall B, der sich bei Formschluß der gefügten Bauteile beim Zusammensetzen ergibt [DIN 8593, 1985], ist kein gesonderter Ablösemechanismus erforderlich, da das Bauteil beim seitlichen Wegfahren des Greifers durch die Scherung der Adhäsivschicht abgelöst wird.

Beim Fügefall C werden frei bewegliche Bauteile gefügt, bei denen auf keiner Seite Formschluß zulässig ist oder die Adhäsionskräfte an der Fügestelle kleiner als die Greifkräfte sind. Es muß ein Ablösesystem in den Greifer integriert werden, das entweder der Haltekraft F_{Halte} entgegenwirkt oder diese Kraft soweit verkleinert, bis die adhäsive Verbindung von Greifer und Bauteil getrennt wird.

Alternative Konzepte zum Ablösen des Bauteils vom Greifer für den Fügefall C sind in Bild 5.12 dargestellt und anhand von Bewertungskriterien und Ergebnissen von Machbarkeitsversuchen bewertet.

Das mechanische Ablösen des Bauteils vom Greifer mit Auswerferstiften (A1, Bild 5.12) oder Bimetall-Zungen (A2, Bild 5.12) erzeugt durch die lokal eingeleiteten Kräfte hohe Kraftspitzen und hat Nachteile bzgl. der Bauteilflexibilität. Die Ergebnisse von Machbarkeitsversuchen zeigen, daß zum mechanischen Auswerfen mindestens drei Auswerfer nötig sind, um ein Kippen des Bauteils zu verhindern. Dabei muß der Weg der Auswerfer mindestens dem Durchmesser der Flüssigkeitsbrücke entsprechen, um ein sicheres Ablösen zu ermöglichen.

Beim Ablösen des Bauteils durch Verdampfen (A3, Bild 5.12) wird durch Erhitzen und Verdampfen des Adhäsivs die Flüssigkeitsbrücke soweit reduziert, bis die Haltekraft kleiner als die Gewichtskraft des Bauteils wird und dieses sich von der Greiffläche löst. Machbarkeitsversuche zeigen hohe Taktzeiten > 5 s, da die gesamte Greiferspitze zum Verdampfen des Adhäsivs auf erhöhte Temperatur erhitzt und zum erneuten Greifen wieder abgekühlt werden muß. Das Verdunsten des Adhäsivs ist somit als ungeeignet zum Ablösen des Bauteils vom Greifer einzustufen. Als alternative Lösungsmöglichkeit ist eine lokale Erzeugung von Dampfblasen mittels in die Greiferfläche integrierter Widerstandsheizungen in Betracht zu ziehen.

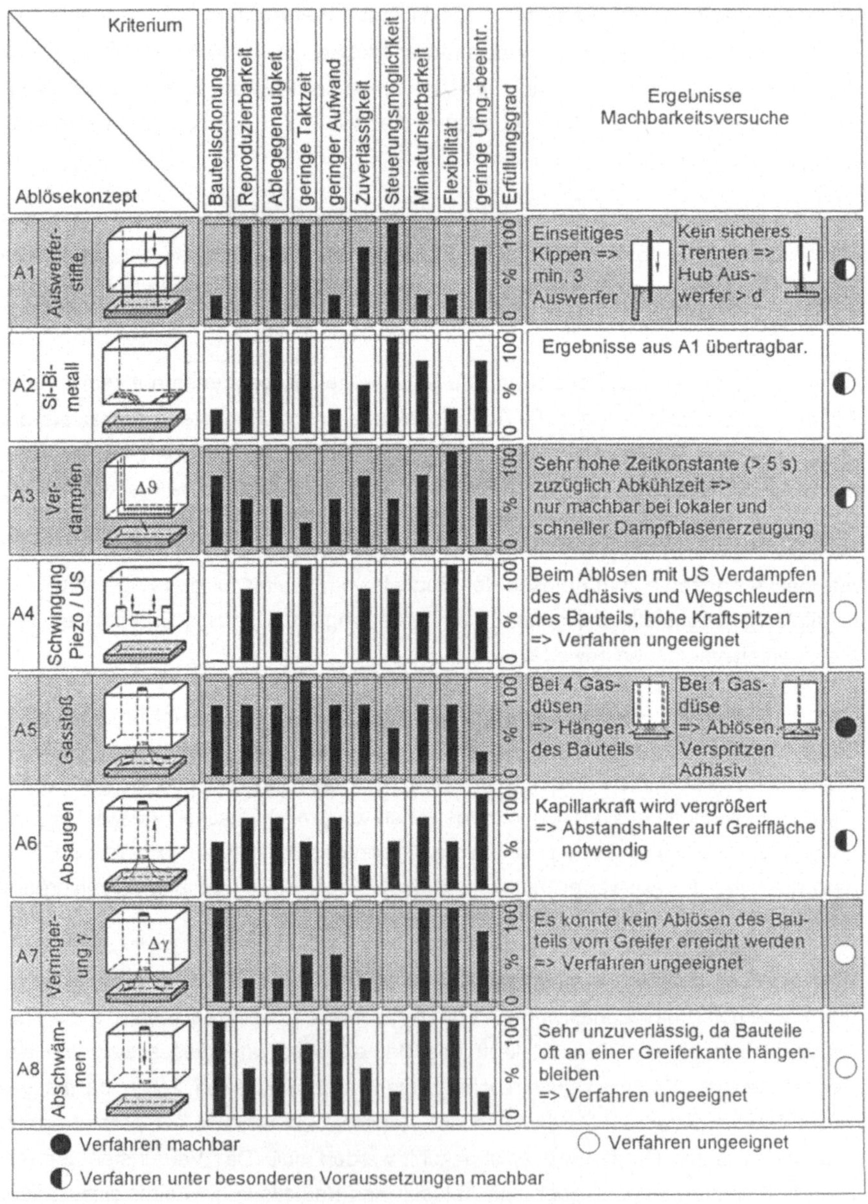

Bild 5.12: Ablösekonzepte, Bewertung und Machbarkeitsversuche

Das Ablösen durch Schwingungserzeugung (A4, Bild 5.12) ist als ungeeignet einzustufen, da sich bei Machbarkeitsversuchen mit einem US-Schwinger ein Wegschleudern des Bauteils vom Greifer beobachten ließ, was auf sehr hohe Krafteinwirkung auf das Bauteil schließen läßt. Ein weiterer Nachteil dieses Verfahrens ist die große Baugröße der Schwinger, die eine Integration in miniaturisierte Greifer erschwert.

Machbarkeitsversuche zum Ablösen durch Einleitung eines Gasstroms zwischen Greifer und Bauteil (A5, Bild 5.12), zeigen, daß eine in der Mitte der Greiffläche angeordente zentrale Düse ein sicheres Ablösen des Bauteils ermöglicht, wobei vom Gasstrom Adhäsivtropfen mitgerissen werden. Eine ringförmige Anordnung von mehreren Gasaustrittsöffnungen führt zu einem Flüssigkeitsstau im zentralen bzw. nicht beströmten Bereich, was dazu führt, daß sich das Bauteil nicht sicher vom Greifer lösen läßt.

Das Absaugen der Flüssigkeit zwischen Bauteil und Greifer (A6, Bild 5.12) reduziert die Flüssigkeitsbrücke, wenn Abstandshalter in der Greiffläche einen konstanten Abstand zwischen Greiffläche und Bauteil gewährleisten. Sind keine Abstandshalter vorhanden, vergrößern sich die Haltekräfte, und es erfolgt kein Ablösen des Bauteils vom Greifer.

Beim Machbarkeitsversuch zur Verringerung der Oberflächenspannung des Adhäsivs (A7, Bild 5.12) wurde hoch konzentrierte Seifenlösung zwischen ein mit DI-Wasser gegriffenes Bauteil und die Greiffläche eingespritzt. Dabei löste sich das Bauteil nicht von der Greiffläche. Da sich die Haltekräfte aus Oberflächen- und Kapillaranteilen zusammensetzen (siehe Gleichung (4-29)), reicht eine Verringerung der Oberflächenkräfte für ein Ablösen des Bauteils nicht aus; das Verfahren ist somit als nicht zum Ablösen geeignet einzustufen.

Das Abschwämmen des Bauteils von der Greiffläche durch Dosierung von zusätzlichem Adhäsiv (A8, Bild 5.12) bewirkt sehr gute Bauteilschonung. Die durchgeführten Versuche belegen allerdings, daß das Bauteil häufig an einer Greiferkante hängenbleibt und das überschüssig dosierte Adhäsiv abtropft, ohne daß ein Ablösen des Bauteils vom Greifer erreicht wird. Das Verfahren ist somit als zum Ablösen ungeeignet einzustufen, obgleich es für eine definierte Reduzierung der Haltekraft sinnvoll ist.

Für die weitere Entwicklung werden das Ablösen mit Auswerferstiften (A1, Bild 5.12) sowie das Ablösen durch Gasstoß (A5, Bild 5.12) weiter verfolgt.

5.5 Entfernung der Flüssigkeit von der Greiffläche nach dem Ablösen

Da bei der Trennung einer Flüssigkeitsbrücke zwischen Feststoffen immer ein Kohäsionsbruch erfolgt [Zisman 1964], bei dem auf beiden Feststoffen Reste der Flüssigkeit verbleiben, ist durch die Wahl des Adhäsivs zu gewährleisten, daß sowohl die Funktionsfähigkeit durch die auf dem Bauteil verbleibende Flüssigkeitsmenge nicht beeinträchtigt wird als auch die auf der Greiffläche zurückbleibende Menge des Adhäsivs vollständig entfernt oder bei der Nachdosierung berücksichtigt wird, um gleichbleibende Greifbedingungen zu erhalten.

Eine Berücksichtigung der Restadhäsivmenge auf der Greiffläche läßt sich nur durch den Einsatz empfindlicher Sensorik lösen, da diese sich bei unterschiedlichen Umgebungsbedingungen, Taktzeiten und Bauteilgeometrien nicht berechnen läßt sowie zwischen einzelnen Greifvorgängen stark schwankt. Die Lösungskonzepte zum Entfernen der Restflüssigkeit von der Greiffläche sind in Bild 5.13 dargestellt.

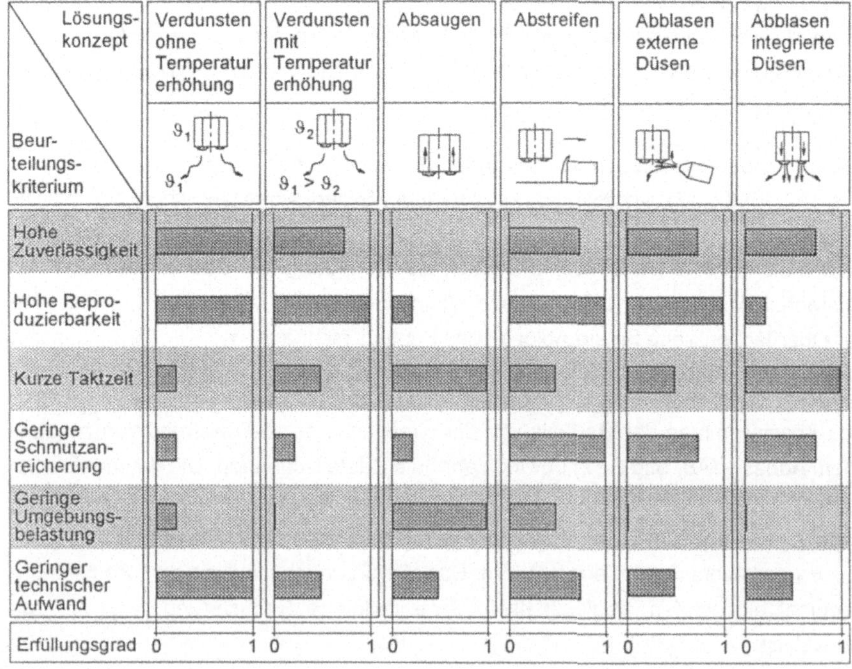

Bild 5.13: Konzepte zur Beseitigung der Restflüssigkeit von der Greiffläche

5.6 Informationsverarbeitungssystem

Das Informationsverarbeitungssystem besteht aus dem Steuerungssystem und der Sensorik, wobei das Steuerungssystem für den Betrieb des Greifsystems unabdingbar ist, wohingegen die Sensorik zur Erhöhung von Prozeßsicherheit und Genauigkeit verwendet wird.

Als Steuerungsmöglichkeiten für den Greifer kommen Robotersteuerung, PC, SPS sowie fest verdrahtete Steuerung in Betracht. Die Auswahl der Steuerung richtet sich nach dem Handhabungsgerät, an dem der Greifer angebracht ist, und nach dem Ausbaugrad und der Art der Sensorik, die in den Prozeß integriert ist.

Die Aufgabe der Sensorik liegt in der Messung der Lage des Bauteils relativ zum Greifer und zur Lageregelung beim Fügevorgang. Dies kann die Prozeßsicherheit und die Genauigkeit des Verfahrens erhöhen. Die Lagesensorik muß die unterschiedlichen Positionen des Bauteils am Greifer erkennen und der Fügeaufgabe entsprechende Signale an die Steuerung leiten. Die unterschiedlichen Lösungsmöglichkeiten für die Sensorik zur Lageerkennung sind in Bild 5.14 dargestellt.

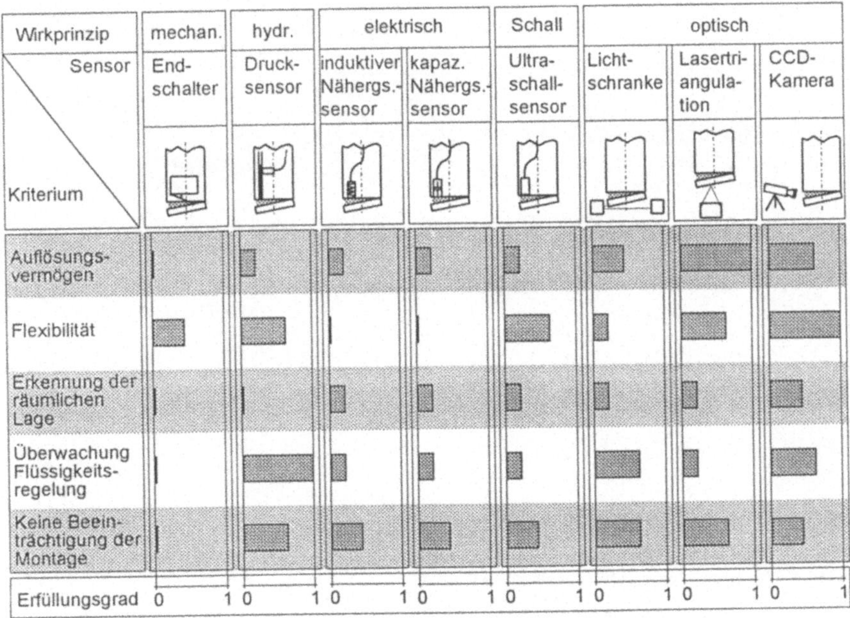

Bild 5.14: Lösungsmöglichkeiten für die Sensorik zur Lageerkennung

Zur Erhöhung der Prozeßsicherheit beim Fügen kann zusätzlich ein Kraftsensor in den Greifer bzw. zwischen Greifer und Handhabungsgerät integriert werden.

5.7 Integration zum Gesamtsystem

Der Lösungsraum von Gesamtsystemen zum adhäsiven Greifen kleiner Bauteile mit niedrigviskosen Flüssigkeiten ergibt sich durch eine anforderungsgerechte Kombination der Teilsysteme. In Abhängigkeit von der Montageaufgabe kann eine Auswahl der Teilsysteme aus dem in Bild 5.15 dargestellten Lösungskatalog durchgeführt werden.

Teilsystem	Lösungsalternativen				
Dosiereinheit	Stempeln	Ventil	Pumpe	Aufspritzen	
Adhäsiv-speicher	Offenes Gefäß	Druckgefäß	Patrone	Zylinder	Schwamm
Greiffläche	Nadel	Einfache Geometrie	Komplexe Geometrie	Flexible Struktur	
Ablöse-system	Mech. Auswerfer	Verdampfen	Gasstoß	Absaugen	kombiniert
Steuerungs-system	Roboter-steuerung	PC	SPS	Fest verdrahtet	

Bild 5.15: Lösungskatalog der Teilsysteme zum adhäsiven Greifen kleiner Bauteile mit niedrigviskosen Flüssigkeiten

6 Entwicklung der Teilsysteme für das adhäsive Greifen

Für den Adhäsionsgreifer ist eine hohe Flexibilität bezüglich Bauteilgeometrie und -werkstoff gefordert, wodurch ein Verfahren zur Bestimmung der zu dosierenden Flüssigkeitsmenge V und des Greifabstandes a in Abhängigkeit von der Greifaufgabe unabdingbare Voraussetzung ist.

Eine empirische Untersuchung aller möglichen Bauteile und Handhabungsaufgaben ist aufgrund der Vielzahl unterschiedlicher Bauteile und Werkstoffe nicht durchführbar. Deshalb wird eine analytische Vorgehensweise zur Bestimmung der Verfahrensparameter gewählt, die anhand exemplarischer Untersuchungen verifiziert wird.

Aufbauend auf der in Kapitel 5 durchgeführten Konzeption der Teilsysteme wird ein Versuchsaufbau realisiert, an dem die Versuche zur Validierung der berechneten Verfahrensparameter sowie zur Entwicklung des Greif- und Ablösesystems durchgeführt werden.

6.1 Versuchsaufbau und -ablauf

Für den Versuchsaufbau zur Entwicklung des Greifsystems wurden aus dem Lösungskatalog verschiedene Teilsysteme unter Berücksichtigung einer möglichst hohen Flexibilität ausgewählt. So wurde unter Verwendung eines Zeit-Druck-gesteuerten Ventils als Dosiereinheit das Dosiersystem entworfen. Dieses flexible Konzept ermöglicht eine einfache Variation von Art und Menge des Wirkmediums und der Greiffläche (Bild 6.1).

Als Handhabungsgerät wird ein kartesischer Roboter mit sehr hoher Positioniergenauigkeit und integriertem Vision-System verwendet, um sowohl den Meßfehler aus den Toleranzen des Handhabungssystems möglichst gering zu halten als auch um die Robotersteuerung zur Steuerung des Greifers zu verwenden. Als Versuchsbauteil wird ein quadratischer Si-Chip mit Kantenlänge $d_x = d_y = 4{,}2$ mm verwendet. Das Bauteil wird frei auf dem Versuchstisch plaziert, mit der CCD-Kamera erkannt und dessen Lage bestimmt. Daraufhin fährt der Greifer eine Position über dem Bauteil an, die zu diesem in der x, y-Ebene versetzt sowie um die z-Achse verdreht ist. Dabei wird im Laufe der Versuchsreihe der Versatz Δx bzw. Δy zwischen 0 und $d_x/2$ sowie der Verdrehwinkel κ zwischen 0 und 45° variiert, um auf Abhängigkeiten der Zentrierwirkung und somit der Ablegegenauigkeit von der Greifposition schließen zu können.

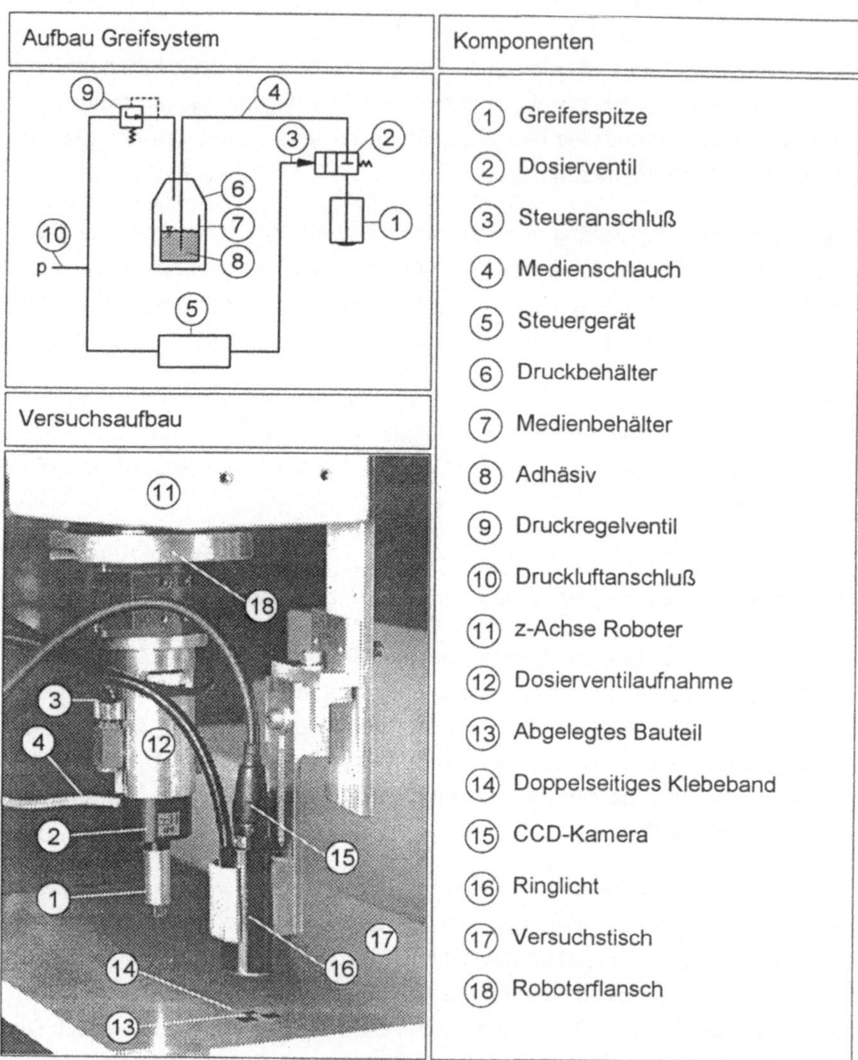

Bild 6.1: Aufbau des Greifsystems und Versuchsaufbau zur Messung der Ablegegenauigkeit

Nach dem Greifen fährt der Roboter eine Position neben zwei Referenzchips an und setzt dort das Bauteil auf ein doppelseitiges Klebeband ab. Nach dem Abheben des Greifers wird die CCD-Kamera über Referenzchip und abgelegtem Bauteil positioniert und die Messung der Ablegeposition durch das Vision-System des Roboters durchgeführt. Bei dem gewählten Meßverfahren wird die Position des Versuchschips relativ zu den Referenzchips vermessen. Dadurch werden die Ungenauigkeiten in der Positionierung der CCD-Kamera bei der Messung eliminiert.

Zur Entwicklung des Ablösesystems für den Fügefall C (Bild 5.11) wurden zwei unterschiedliche Ablösesysteme realisiert und die Ablegegenauigkeiten vermessen. Die Ablösesysteme sind in Bild 6.2 dargestellt.

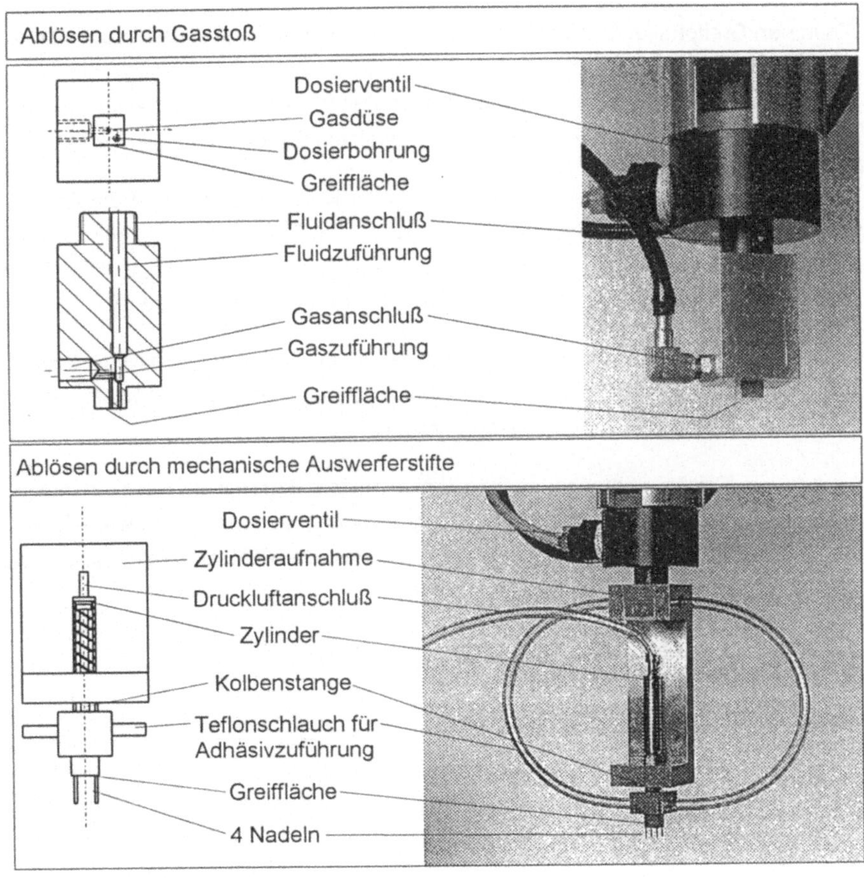

Bild 6.2: Ablösesysteme

Zur Vermessung der Ablegegenauigkeiten wird der in Bild 6.1 dargestellte Versuchsaufbau verwendet. Die Bauteile werden allerdings nach dem Ablösen nicht auf doppelseitiges Klebeband aufgeklebt, sondern frei auf einer ebenen Platte plaziert und vermessen.

6.2 Bestimmung der Parameter des adhäsiven Greifens

6.2.1 Bauteileigenschaften

Die in den Greifphasen 2 "Kontakt herstellen" und 3 "Bauteil anziehen" (Bild 4.1) zu berücksichtigenden Bauteileigenschaften sind, wie in Bild 4.2 dargestellt, die Rauhtiefe der Grifffläche am Bauteil $R_{Z,Bt}$, die Bauteilgeometrie, die Bauteilmasse m_{Bt} sowie der zwischen Adhäsiv und Bauteil ausgebildete Randwinkel α_{Bt}.

Die wesentlichen Eigenschaften hierbei sind allerdings die Masse und die Geometrie des Bauteils, wobei die Grifffläche A_{Bt} durch den Ersatzradius r_{Ers} der Flüssigkeitsbrücke (siehe Bild 6.3) direkt in die Greifkraftberechnung eingeht und die handhabbare Bauteilmasse m_{Bt} durch die Abhebekraft F_{Abh} beschränkt ist.

Die maximale Abhebekraft F_{Abh} bei vorgegebenem Greifabstand a wird erreicht, wenn die gesamte Grifffläche A_{Bt} mit Adhäsiv benetzt wird und den Zwischenraum zwischen Greifer und Bauteil vollständig ausfüllt.

Da bei der Greifkraftberechnung von kreisförmigen Flüssigkeitsmenisken ausgegangen wird, muß ein Ersatzradius r_{Ers} für nichtrunde Flächen definiert werden. Dieser stellt einen kreisförmigen und zu A_{Bt} flächengleichen Flüssigkeitsmeniskus dar (Bild 6.3).

Die Greifkraft F beträgt somit nach Gleichung (4-29):

$$F = p_k \cdot \pi \cdot r_{Ers}^2 + 2 \cdot \pi \cdot \gamma \cdot r_{Ers} \quad . \qquad (6\text{-}1)$$

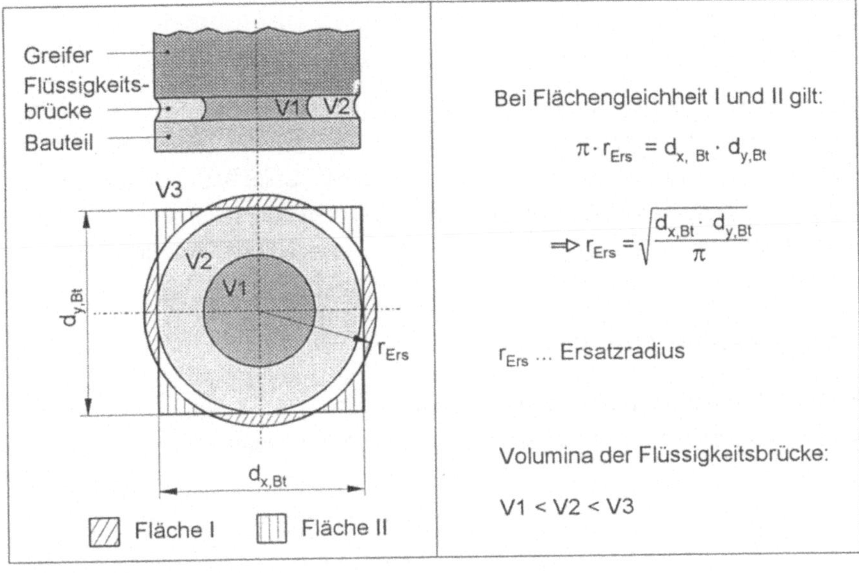

Bild 6.3: Einführung des Ersatzradius r_{Ers}

6.2.2 Greifabstand und geometrische Greifbedingung

Der Greifabstand a hat wesentlichen Einfluß auf die Kapillarkräfte beim Abheben und auf das handhabbare Bauteilgewicht. Die Wahl des theoretischen Greifabstands a_0 ist allerdings durch die Greifabstände a_{min} und a_{max} eingeschränkt:

$$a_{min} \leq a_0 < a_{max}, \tag{6-2}$$

mit

$a_{min} = \Delta z_{Mont}$, damit keine Kollision des Greifers mit dem Bauteil erfolgt,

a_{max} dem maximalen Greifabstand zur Erfüllung der Greifbedingung bei der Tropfenhöhe h unter Berücksichtigung aller Toleranzen.

Zur Aufstellung der Greifbedingung wird die Gesamttoleranz des Montagesystems incl. Bauteiltoleranzen in Achsrichtung Δz_{Mont} berücksichtigt. Im weiteren wirken sich Ungenauigkeiten bei der Dosierung des Adhäsivs sowie dynamische Schwankungen der Tropfengeometrie als Toleranz in der Tropfenhöhe Δz_{Adh} aus.

Die Greifbedingung in z-Richtung lautet somit:

$$\Delta z'_{Mont} \leq a_0 < h - \Delta z_{Mont} - \Delta z_{Adh} \,. \qquad (6\text{-}3)$$

Dabei läßt sich die Tropfenhöhe h wie in Kapitel 4 beschrieben berechnen. Bei Greifergeometrien, die nicht ideal kreisförmig sind, wird zur Berechnung der Tropfenhöhe der Ersatzradius r_{Ers} aus Bild 6.3 verwendet. Unter Vernachlässigung des Schwerkrafteinflusses erhält man Ergebnisse "zur sicheren Seite", d. h. der Tropfen erreicht unter Berücksichtigung aller Toleranzen auf jeden Fall die Grifffläche.

6.2.3 Zulässiges Prozeßfenster

In Bild 6.4 ist der prinzipielle Verlauf der Abhebekraft F_{Abh} in Abhängigkeit vom dosierten Volumen V für unterschiedliche Greifabstände a dargestellt.

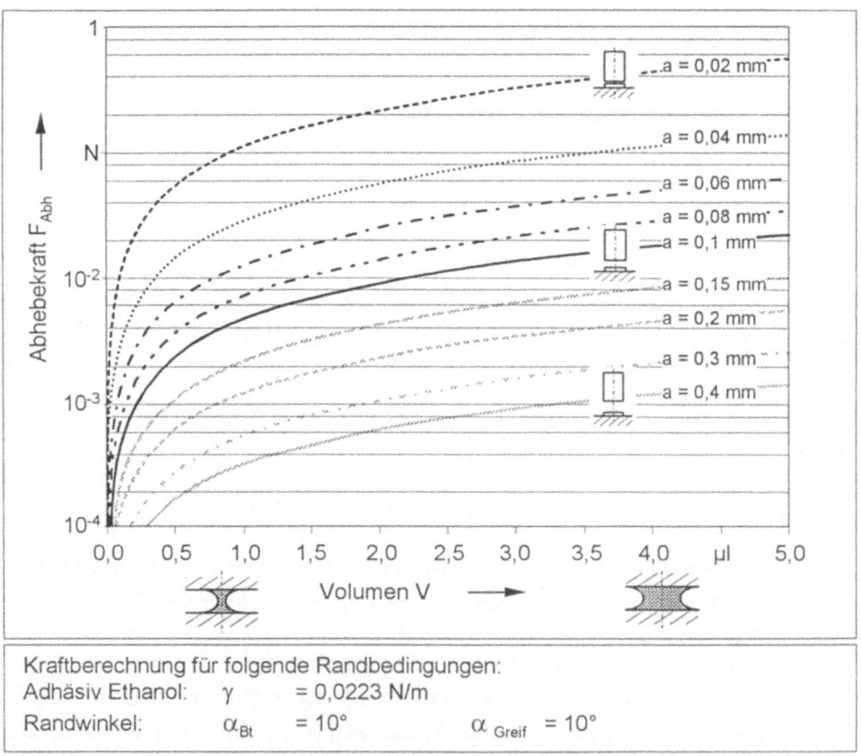

Bild 6.4: Abhebekraft F_{Abh} für unterschiedliche Greifabstände a

Die in Bild 6.4 dargestellten Prozeßparameter werden durch unterschiedliche Bedingungen beschränkt. Diese sind in einer Übersicht in Bild 6.5 dargestellt und im folgenden erläutert.

Die Greifbedingung aus Gleichung (6-3) beschränkt die Prozeßparameter:

$$a_0 < h_0 \tag{6-4}$$

mit

$$h_0 = h_{max} - \Delta z_{Mont} - \Delta z_{Adh} . \tag{6-5}$$

Aus der in Kapitel 4 dargelegten Abhängigkeit der Tropfenhöhe h vom dosierten Volumen V ergibt sich für feste Greifabstände a der in Bild 6.5 dargestellte Grenzverlauf. Die schraffierte Fläche unter der Grenzkurve kennzeichnet die Zustände, in denen der dosierte Tropfen das Bauteil nicht erreicht und ein Greifen nicht möglich ist.

Der minimale Greifabstand a_{min} beschränkt die Prozeßparameter dadurch, daß eine Unterschreitung infolge der Toleranzkette zu einer Kollision zwischen Greifer und Bauteil führt. Die Bedingung für zuverlässiges Greifen lautet somit:

$$a > a_{min} = \Delta z_{Mont} . \tag{6-6}$$

Die begrenzte geometrische Ausdehnung des Bauteils beschränkt die maximal zu erzeugende Abhebekraft insofern, als die Grifffläche begrenzt ist. Der Greifspalt zwischen Bauteil und Greifer besitzt bei konstantem Greifabstand a somit ein bestimmtes Volumen V_{Spalt}, das sich näherungsweise über den Ersatzradius r_{Ers} berechnen läßt:

$$V_{Spalt} = A_{Bt} \cdot a = \frac{\pi}{4} \cdot r_{Ers}^2 \cdot a . \tag{6-7}$$

Wird eine größere Menge Flüssigkeit dosiert ($V > V_{Spalt}$), so führt dies zum Austreten der Flüssigkeit aus dem Spalt, was eine Benetzung des Bauteils mit Flüssigkeit über die Grifffläche hinaus zur Folge hat. Dies kann sowohl zu Funktionsbeeinträchtigungen des Bauteils als auch zur Beeinträchtigung des Greifvorgangs durch Adhäsionseffekte zwischen Bauteil und Teilebereitstellung führen.

Dies führt zu folgender Bedingung für die zu dosierende Flüssigkeitsmenge:

$$V \leq V_{Spalt} \, . \tag{6-8}$$

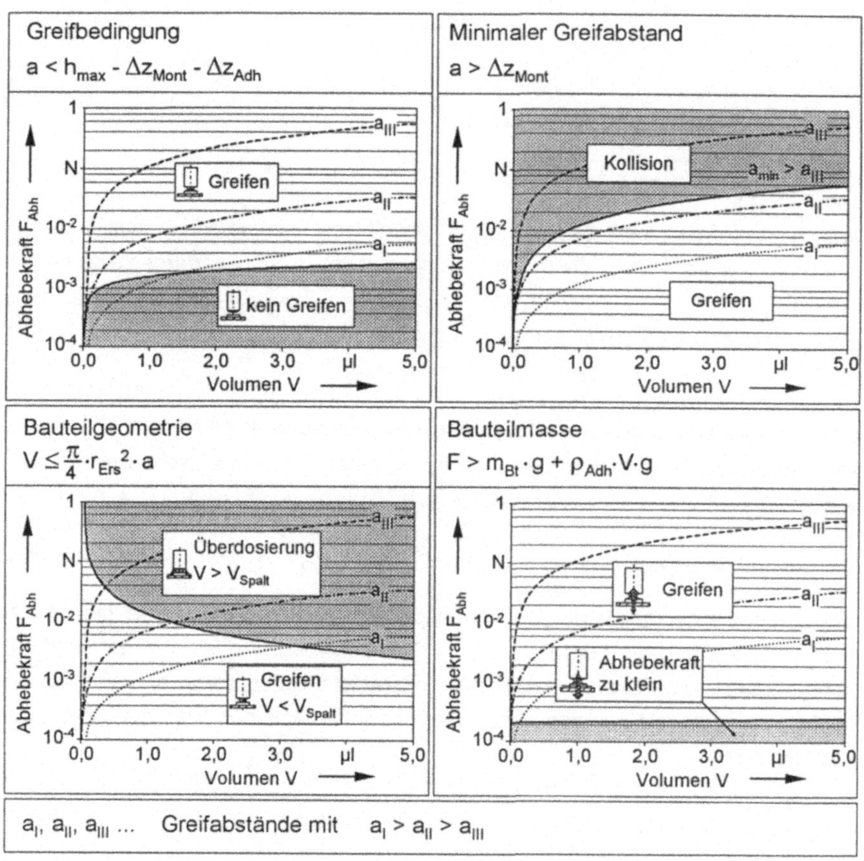

Bild 6.5: Einschränkende Bedingungen für die Prozeßparameter

Zum Abheben eines Bauteils muß die Abhebekraft F_{Abh} größer sein als die Summe aus den Gewichtskräften des Bauteils und des Adhäsivs.

Daraus folgt die Beschränkung des Prozeßfensters durch die Bauteilmasse:

$$F_{Abh} > (m_{Bt} + m_{Adh}) \cdot g \tag{6-9}$$

mit m_{Bt}... Masse des Bauteils
m_{Adh}... Masse des dosierten Tropfens
g... Erdbeschleunigung.

Unter Verwendung der Dichte des Adhäsivs ρ_{Adh} ergibt sich:

$$F_{Abh} > m_{Bt} \cdot g + \rho_{Adh} \cdot V \cdot g \ . \tag{6-10}$$

Aus diesen Überlegungen ergibt sich das in Bild 6.6 dargestellte Diagramm für das zulässige Prozeßfenster, in das der Einfluß der unterschiedlichen Parameter auf Größe, Form und Lage qualitativ eingetragen ist.

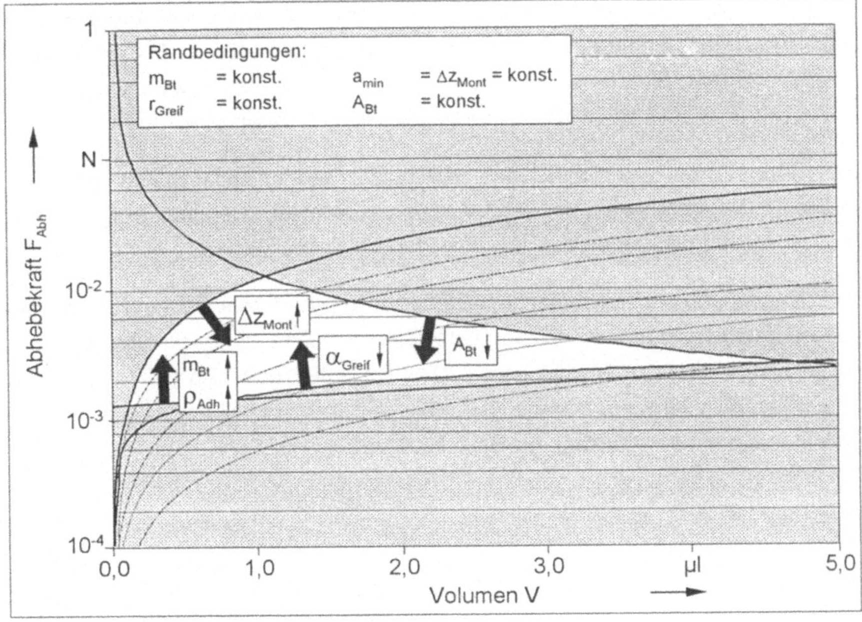

Bild 6.6: Zulässiges Prozeßfenster

6.3 Entwicklung des Greifsystems

Das Greifsystem wird in Dosiersystem, Wirkmedium und Greiffläche untergliedert. Da diese Teilsysteme nur im Zusammenhang eine Greifwirkung erzielen, werden sie gemeinsam experimentell untersucht. Dabei werden jeweils typische Verfahrensparameter für die nicht zu untersuchenden Größen konstant gehalten und der zu untersuchende Parameter variiert.

6.3.1 Verfahrensoptimale Prozeßparameter

Die Greif- und Zentrierwahrscheinlichkeiten für eine definierte Kombination aus Greifer, Bauteil und Adhäsiv wurden exemplarisch für unterschiedliche Greifabstände und Flüssigkeitsmengen untersucht (Bild 6.7).

Durch die Masse des Adhäsivs sowie durch die unterschiedlichen Kraftverhältnisse zwischen Bauteil und Greifer bei unterschiedlichen Adhäsivmengen ergeben sich Einflüsse auf die Zentrierwirkung und somit die Ablegegenauigkeit. Für die Prozeßsicherheit ist dabei von besonderem Interesse, bei welchen Verfahrensparametern der Prozeß am stabilsten ist, d.h. sicher gegriffen und zentriert wird.

Bei den Versuchen zeigt sich deutlich, daß für wachsende Greifabstände bei größer werdenden Versätzen die Greif- und Zentrierwahrscheinlichkeit zunimmt und über einen größer werdenden Bereich des dosierten Volumens stabil ist.

Die Untersuchung der Abhebekräfte bei unterschiedlichen Versätzen ergibt, daß die Kräfte proportional zur überdeckten Fläche sinken, allerdings jeweils über dem der Fläche entsprechenden Niveau liegen. Dies bedeutet, daß sich bei festgelegten Verfahrensparametern ein maximaler Versatz zwischen Bauteil und Greifer definieren läßt, der noch ein Abheben des Bauteils zuläßt.

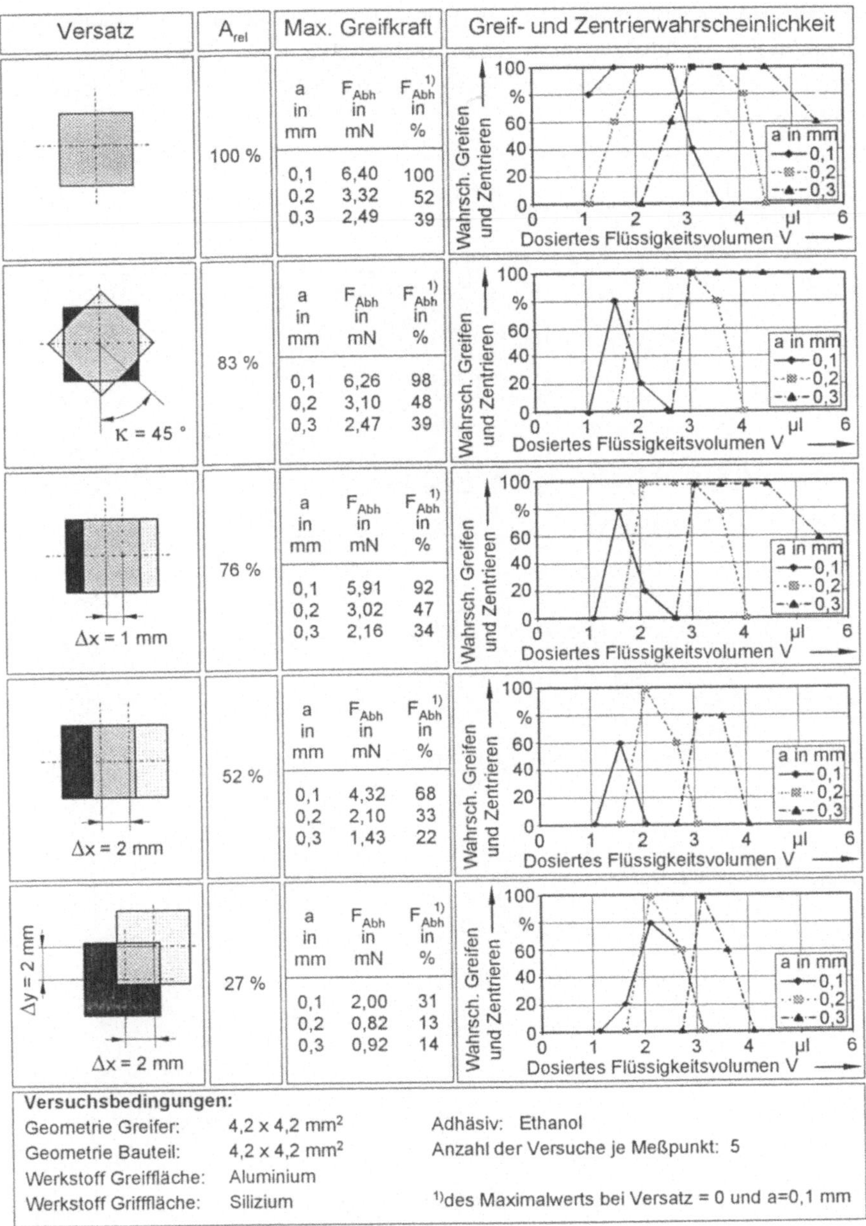

Versatz	A_{rel}	Max. Greifkraft: a in mm	F_{Abh} in mN	F_{Abh} 1) in %
	100 %	0,1	6,40	100
		0,2	3,32	52
		0,3	2,49	39
κ = 45 °	83 %	0,1	6,26	98
		0,2	3,10	48
		0,3	2,47	39
Δx = 1 mm	76 %	0,1	5,91	92
		0,2	3,02	47
		0,3	2,16	34
Δx = 2 mm	52 %	0,1	4,32	68
		0,2	2,10	33
		0,3	1,43	22
Δx = 2 mm, Δy = 2 mm	27 %	0,1	2,00	31
		0,2	0,82	13
		0,3	0,92	14

Versuchsbedingungen:

Geometrie Greifer:	4,2 x 4,2 mm²	Adhäsiv:	Ethanol
Geometrie Bauteil:	4,2 x 4,2 mm²	Anzahl der Versuche je Meßpunkt:	5
Werkstoff Greiffläche:	Aluminium		
Werkstoff Griffläche:	Silizium		

1) des Maximalwerts bei Versatz = 0 und a=0,1 mm

Bild 6.7: Experimentelle Untersuchung der Greif- und Zentrierwahrscheinlichkeiten in Abhängigkeit von Versatz und Greifabstand

Experimentelle Untersuchungen bestätigen die theoretischen Überlegungen zur Definition des Prozeßfensters. In Bild 6.8 sind für eine ausgewählte Greifaufgabe die berechneten Verfahrensgrenzen sowie die verfahrensoptimalen Bereiche für die Prozeßparameter dargestellt, bei denen Greifen mit Zentrieren sowie Greifen ohne Zentrieren erfolgt.

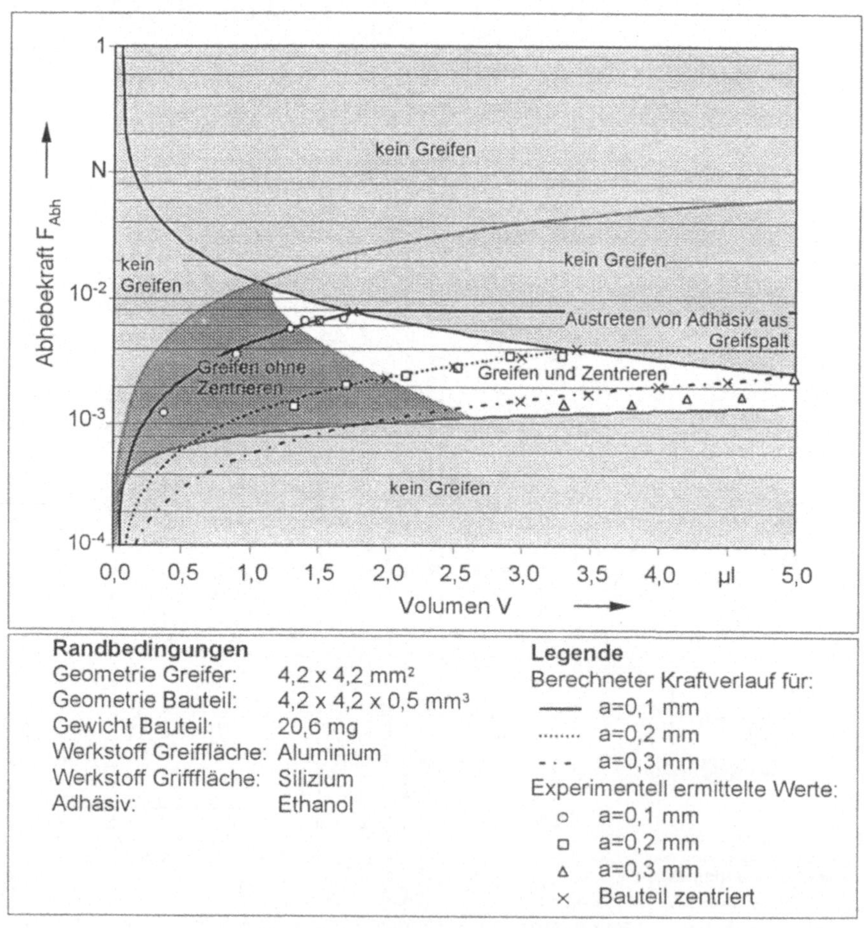

Bild 6.8: Experimentelle Verifikation des Prozeßfensters

6.3.2 Experimentelle Untersuchung der Ablegegenauigkeit in Abhängigkeit von unterschiedlichen Parametern

Im folgenden werden die Einflüsse ausgewählter Verfahrensparameter auf die Zentrierwirkung untersucht. Dabei werden die jeweils nicht zu untersuchenden Parameter konstant gehalten.

Die Umgebungstemperatur ϑ schwankt in einem Bereich von +/- 0,5°C um 21°C. Da die Versuchsanlage im Reinraum aufgebaut ist, kann somit auf zusätzliche Maßnahmen zur Temperaturregelung verzichtet werden. Die Einflußparameter Raumlage, Verfahrgeschwindigkeit w und Greifabstand a werden ausschließlich vom Handhabungssystem bestimmt. Die Verwendung des kartesischen 4-Achsen-Roboters UltraOne der Firma adept mit Wiederholgenauigkeiten der x-, y- und z-Achse von +/- 2,1 µm und der Rotations-Achse von +/- 0,002° gewährleisten ausreichende Reproduzierbarkeit der Messungen.

Als wesentlicher Verfahrensparameter mit Einfluß auf alle Greifphasen muß das dosierte Flüssigkeitsvolumen reproduzierbar und quantifizierbar sein. Die Reproduzierbarkeit wird durch konstante Einstellungen der Dosierzeit und des Mediendrucks des Zeit-Druck-gesteuerten Ventils erreicht. Zur Quantifizierung ist eine Kalibrierung des Ventils erforderlich. Hierzu wird der Mediendruck am Ventil konstant gehalten und die dosierte Menge in Abhängigkeit von der Dosierzeit aufgetragen. Da es sich um sehr geringe Mengen und eine leicht verdunstende Flüssigkeit handelt, wurden pro Meßpunkt jeweils 100 Dosierungen vorgenommen und die Menge der dosierten Flüssigkeit an einer Meßkapillare im Druckbehälter ausgewertet.

Zur Untersuchung des Einflusses der Geometrie der Greiffläche auf die Zentrierwirkung wird die Geometrie des Greifers variiert. In den Vorversuchen konnte nachgewiesen werden, daß die Form des Greifers das Greifverhalten und insbesondere die Zentrierwirkung des Teils am Greifer beeinflußt. In der Untersuchung zum Einfluß der Geometrie der Greiffläche auf die Zentrierwirkung zum Greifen eines quadratischen Bauteils werden aufgrund der Vorversuche quadratische Greifflächen verwendet. Dabei wird die Größe dieser Greifflächen bei konstanter Bauteilgeometrie variiert und die Ablegegenauigkeit vermessen (Bild 6.9). Bei steigenden Größendifferenzen zwischen Greiffläche und Grifffläche ergibt sich dabei eine sinkende Zentrierwirkung. Die Ablegegenauigkeiten der Bauteile erreichen genauere Werte als die Größendifferenz Δd zwischen Greifer und Bauteil beträgt. Bei exakt an die Bauteilgeometrie angepaßter Greiferkontur werden die genauesten Werte für die Bauteilzentrierung erreicht.

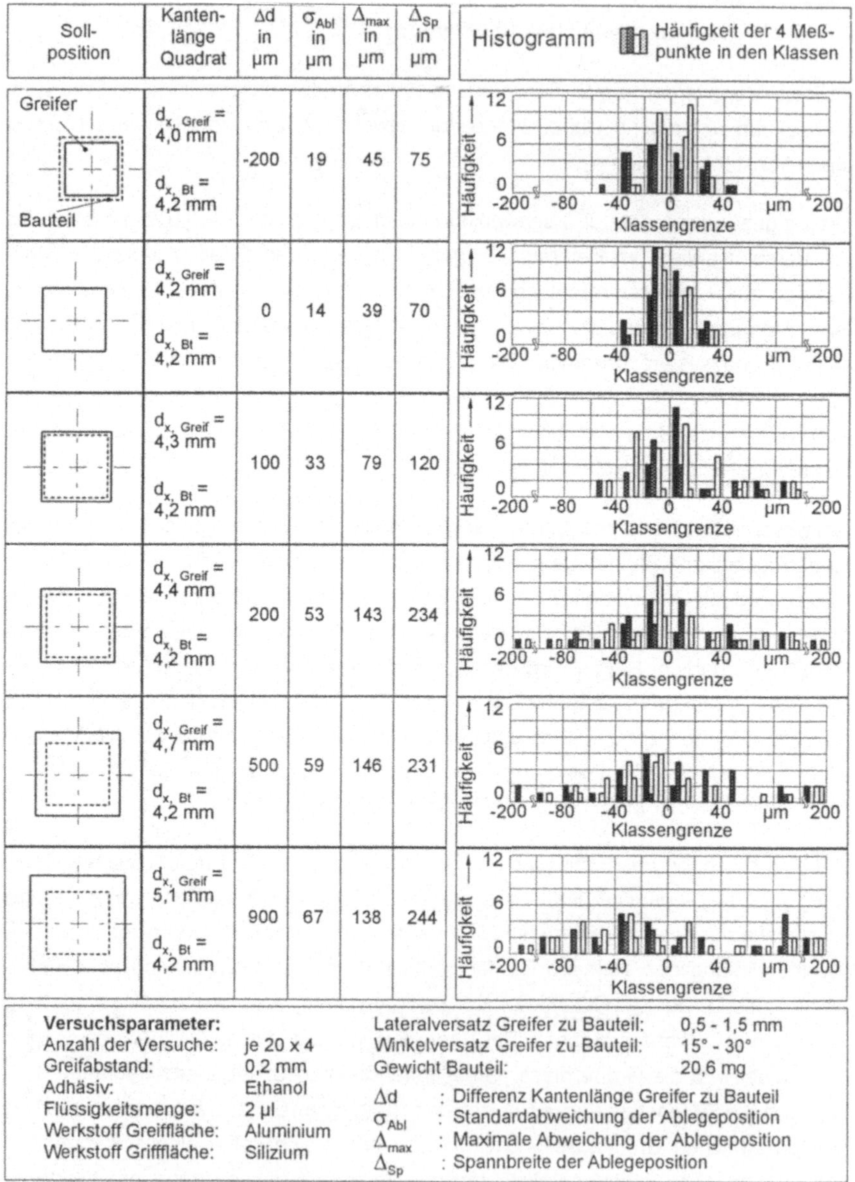

Soll-position	Kanten-länge Quadrat	Δd in µm	σ_{Abl} in µm	Δ_{max} in µm	Δ_{Sp} in µm	Histogramm (Häufigkeit der 4 Meß-punkte in den Klassen)
Greifer / Bauteil	$d_{x,\,Greif}$ = 4,0 mm; $d_{x,\,Bt}$ = 4,2 mm	-200	19	45	75	
	$d_{x,\,Greif}$ = 4,2 mm; $d_{x,\,Bt}$ = 4,2 mm	0	14	39	70	
	$d_{x,\,Greif}$ = 4,3 mm; $d_{x,\,Bt}$ = 4,2 mm	100	33	79	120	
	$d_{x,\,Greif}$ = 4,4 mm; $d_{x,\,Bt}$ = 4,2 mm	200	53	143	234	
	$d_{x,\,Greif}$ = 4,7 mm; $d_{x,\,Bt}$ = 4,2 mm	500	59	146	231	
	$d_{x,\,Greif}$ = 5,1 mm; $d_{x,\,Bt}$ = 4,2 mm	900	67	138	244	

Versuchsparameter:

Anzahl der Versuche:	je 20 x 4
Greifabstand:	0,2 mm
Adhäsiv:	Ethanol
Flüssigkeitsmenge:	2 µl
Werkstoff Greiffläche:	Aluminium
Werkstoff Griffläche:	Silizium
Lateralversatz Greifer zu Bauteil:	0,5 - 1,5 mm
Winkelversatz Greifer zu Bauteil:	15° - 30°
Gewicht Bauteil:	20,6 mg

Δd : Differenz Kantenlänge Greifer zu Bauteil
σ_{Abl} : Standardabweichung der Ablegeposition
Δ_{max} : Maximale Abweichung der Ablegeposition
Δ_{Sp} : Spannbreite der Ablegeposition

Bild 6.9: Einfluß der Greifergröße auf die Zentrierwirkung

Zusätzlich wurden der Einfluß des Werkstoffs der Greiffläche auf die Ablegegenauigkeit untersucht (Bild 6.10).

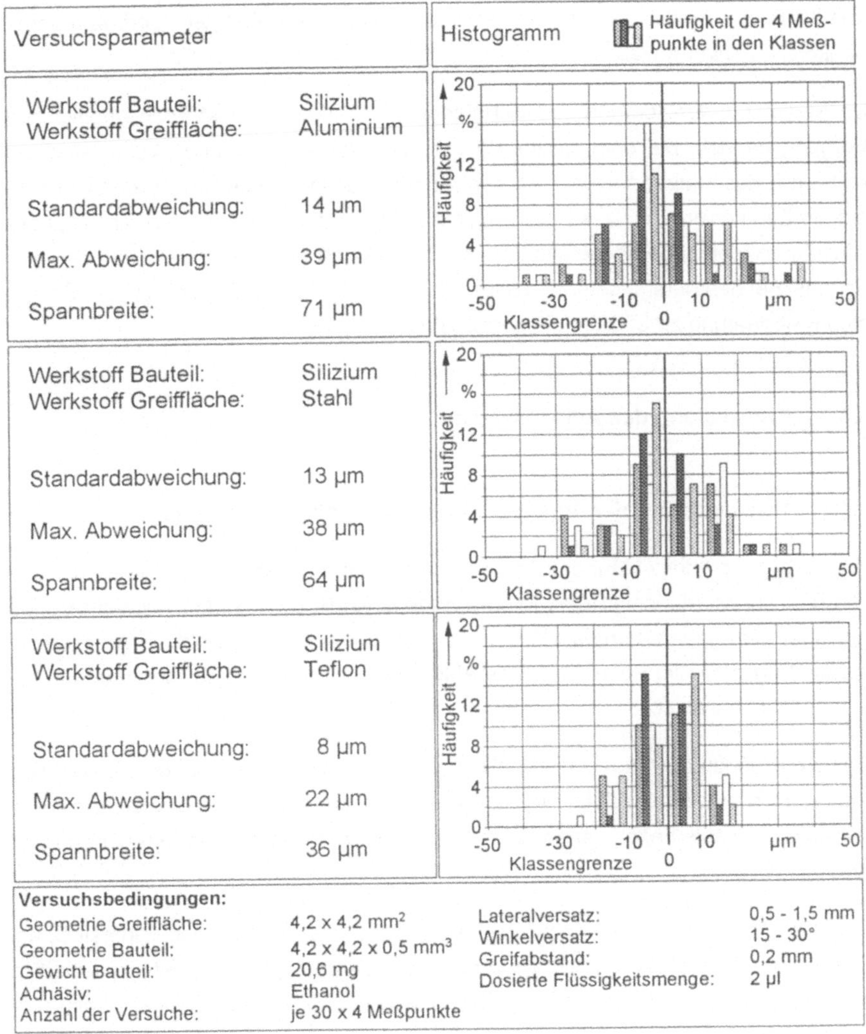

Bild 6.10: Einfluß des Werkstoffs der Greiffläche auf die Zentrierwirkung des Bauteils am Greifer

Durch die unterschiedlichen Werkstoffe der Greiffläche bilden sich jeweils voneinander verschiedene Drei-Phasen-Systeme aus, die einen unterschiedlichen Randwinkel bewirken. Aus der Young'schen Gleichung (2-1) folgt somit, daß sich bei unterschiedlichen Randwinkeln auch unterschiedliche Kräftegleichgewichte einstellen, die jeweils unterschiedliche Zentrierkräfte und somit auch Zentrier- und Ablegegenauigkeiten erwarten lassen.

Da es sich bei der Zentrierung des Bauteils am Greifer um einen hochdynamischen Vorgang handelt, bei dem es zur Reibung zwischen Bauteil und Greifer kommen kann, hat das Reibverhalten zwischen Greiffläche und Bauteil auch einen Einfluß auf die Zentrierwirkung. Das Reibverhalten zwischen zwei Reibkörpern wird aber bestimmt durch die Oberflächenstruktur, die Normalkraft und die Werkstoffe der Reibpartner. Bei den untersuchten Greifern erzielt der Greifer aus Teflon mit der günstigsten Reibpaarung zu Silizium die genaueste Zentrierwirkung.

6.4 Entwicklung des Ablösesystems

6.4.1 Untersuchung der Ablegegenauigkeiten nach dem Ablösen

In Bild 6.11 sind der Ablauf des Ablösens sowie die Versuchsergebnisse für die beiden realisierten Ablösesysteme für den Fügefall C (Bild 5.11) dem Fügefall A ohne Ablösesystem gegenübergestellt. Es wird deutlich, daß das Aufkleben der Bauteile auf die Fügestelle im Fügefall A ohne Ablösesystem die geringste Streuung der Ablageposition aufweist.

Das Ablösen durch Gasstrom ist allerdings nur unwesentlich ungenauer als das Aufkleben der Bauteile. Beim mechanischen Ablösen durch Auswerferstifte sind im Vergleich zu den beiden anderen untersuchten Systemen hohe Streuungen der Ablegeposition zu beobachten.

Durch die Versuche konnte nachgewiesen werden, daß auch für den Fügefall C, bei dem ein gesondertes Ablösesystem zum Lösen des Bauteils vom Greifer erforderlich ist, Lösungen zur Verfügung stehen, die annähernd die Ablegegenaugkeit beim Aufkleben der Bauteile erreichen.

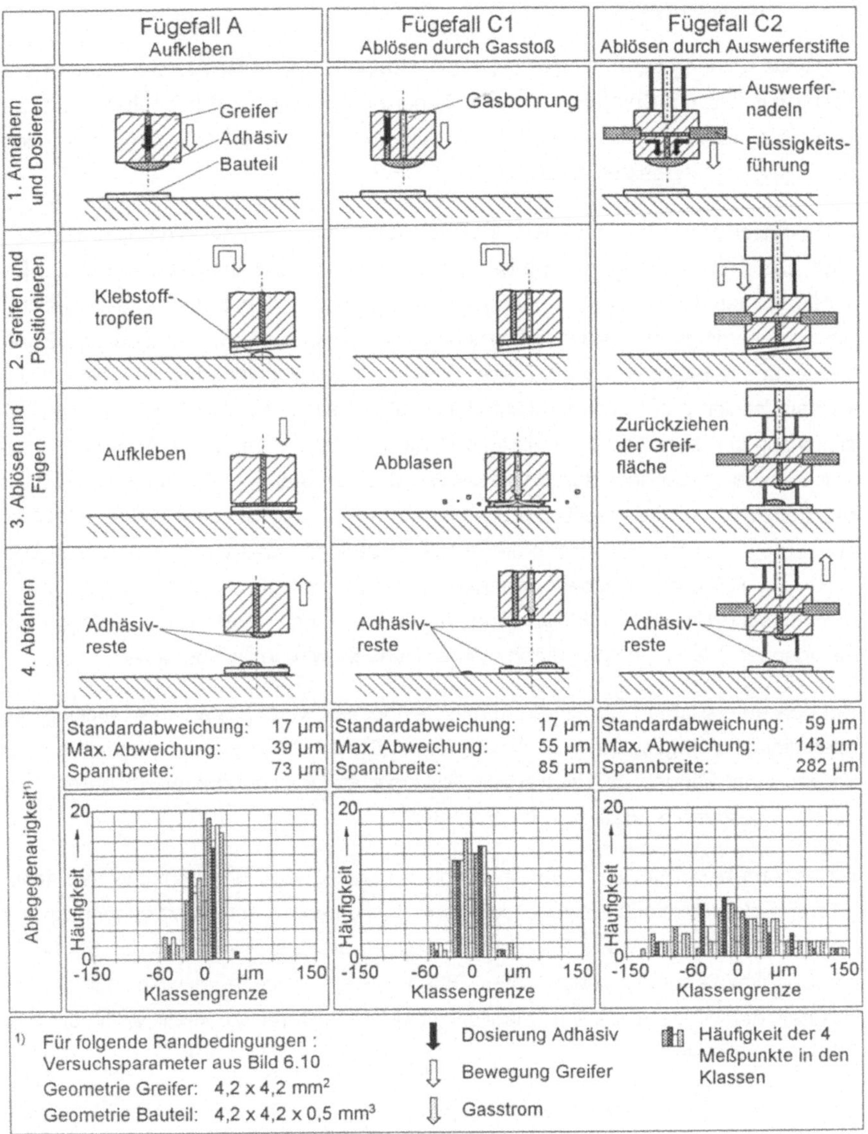

Bild 6.11: Verfahrensablauf und Ablegegenauigkeiten untersuchter Ablösemechanismen

6.4.2 Untersuchung der Bauteilbeeinträchtigung durch den Greif- und Ablösevorgang

Zur Untersuchung der Beeinträchtigung der Bauteile durch das Ablösen wurden Versuche mit Silizium-Chips mit mikromechanischen Strukturen durchgeführt. Auf den Chips befinden sich verschiedene Teststrukturen unterschiedlicher Größenordnung, die in Bild 6.12 dargestellt sind.

Mit in dieser Weise strukturierten Chips wurden Greif- und Ablöseversuche durchgeführt. Die Chips wurden vor und nach dem Greifen jeweils unter dem REM auf Beschädigungen der Oberfläche untersucht. Nach dem Greifen läßt sich keine Beschädigung, allerdings bei manchen Teststrukturen ein Ankleben der freigeätzten Bereiche an das Substrat erkennen. Dieser Effekt ist in der Halbleitertechnik bekannt und wird als "sticking" bezeichnet [Möllendorf 1995]. Ursache des "sticking" ist eine Flüssigkeitsbrücke zwischen den mikromechanischen Strukturen und dem Substrat. Da das Substrat gegenüber den freistehenden Brücken steif ist, werden Kräfte auf die Brückenstrukturen ausgeübt, die die Brücke in Richtung Substrat ziehen. Bei Verdunstung des Adhäsivs werden die Abstände geringer, was eine Vergrößerung der Kräfte zur Folge hat. Bei sehr geringen Abständen erfolgt das "sticking", die mikromechanische Struktur haftet am Substrat und läßt sich weder durch Anlegen von elektrischer Spannung noch durch mechanische Einwirkung wieder lösen.

Bei den untersuchten Strukturen konnte festgestellt werden, daß das "sticking" bei allen einseitig eingespannten Balken erfolgte. Bei den beidseitig eingespannten Balken mit einer Länge < 60 µm trat kein "sticking" auf, wohingegen die längeren beidseitig eingespannten Balken auch anklebten.

Da es sich beim "sticking" um ein Problem handelt, das in gleicher Weise schon während des Herstellungsprozesses von Bauelementen der Oberflächenmikromechanik auftritt, sind bereits Prozesse entwickelt, die das Festkleben der Strukturen am Substrat verhindern [Man 1996, Othsu 1996]. Desweiteren ist es für die Robustheit der Chips förderlich, möglichst steife Strukturen zu realisieren, die kein "sticking" zulassen.

Abgelöst wurden die mikromechanischen Bauteile durch Aufkleben auf Klebefolie und durch Abblasen. Wie in Bild 6.12 zu erkennen ist, sind sowohl nach dem Aufkleben als auch nach dem Abblasen keine Beschädigungen der Strukturen zu erkennen, so daß beide Ablösemechanismen als für mikromechanische Strukturen geeignet einzustufen sind.

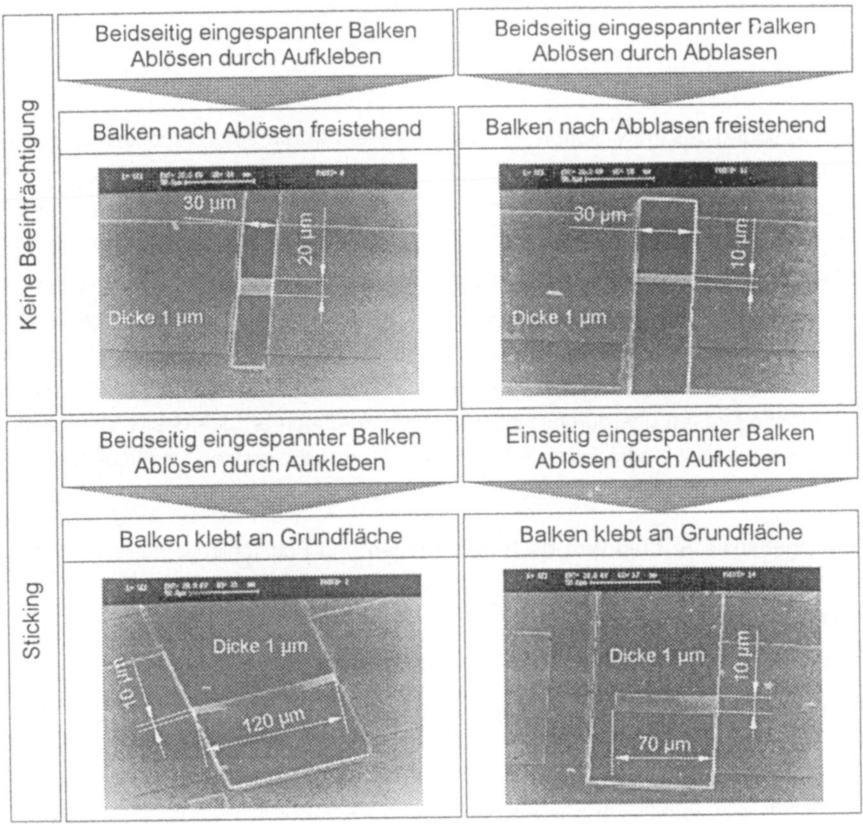

Bild 6.12: Dokumentation der Greif- und Ablöseversuche mit mikromechanischen Strukturen

Auf den REM-Bildern sind keine Verunreinigungen oder Oberflächenveränderungen durch das Adhäsiv festzustellen, die die Funktionsfähigkeit der Bauteile beeinträchtigen würden.

7 Erprobung des Gesamtsystems und Umsetzung der Ergebnisse

7.1 Auswahl der Montageaufgabe

Zur Erprobung des entwickelten adhäsiven Greifers wurde ein Versuchsaufbau zum automatischen Greifen ungehäuster Siliziumchips aus einem Tray und Fügen auf einer Leiterplatte konstruiert und aufgebaut. Die Auswahl von Si-Chips mit einer Kantenlänge von 4,2 x 4,2 mm^2 als Versuchsbauteile wurde anhand der für das untersuchte Produktspektrum repräsentativen Merkmale durchgeführt. Es handelt sich bei dem Chip um ein Flachteil, das in Si-Technik hergestellt ist und im typischen Größenbereich zwischen 1 und 5 mm Kantenlänge liegt. Die Bereitstellung der Chips erfolgt in einem Tray, was bezüglich der Anforderungen an den Toleranzausgleich beim Greifen überdurchschnittliche Anforderungen an das Greifsystem stellt, da die Bauteile mit einem Versatz Δx und $\Delta y > 1$ mm bereitgestellt und keine zusätzlichen Toleranzausgleichsverfahren verwendet werden.

Der ungehäuste Si-Chip wird nach dem Greifen und Positionieren auf eine Leiterplatte geklebt, auf der er in einem späteren Prozeßschritt durch Drahtbonden kontaktiert werden kann.

7.2 Aufbau des Gesamtsystems und Versuchsablauf

In Bild 7.1 sind der Gesamtaufbau der Montageanlage sowie der Versuchsaufbau dargestellt. Zur Steuerung des adhäsiven Greifers wird die Robotersteuerung verwendet.

Der adhäsive Greifer ist über ein Greiferwechselsystem an den Roboterflansch angekoppelt. Als Speicher für das Adhäsiv Ethanol wird ein Becherglas in einem Druckbehälter verwendet. Im Becherglas können bis zu 200 ml Adhäsiv gespeichert und mit Druck beaufschlagt werden, was für mehr als 40.000 Greifvorgänge ausreicht.

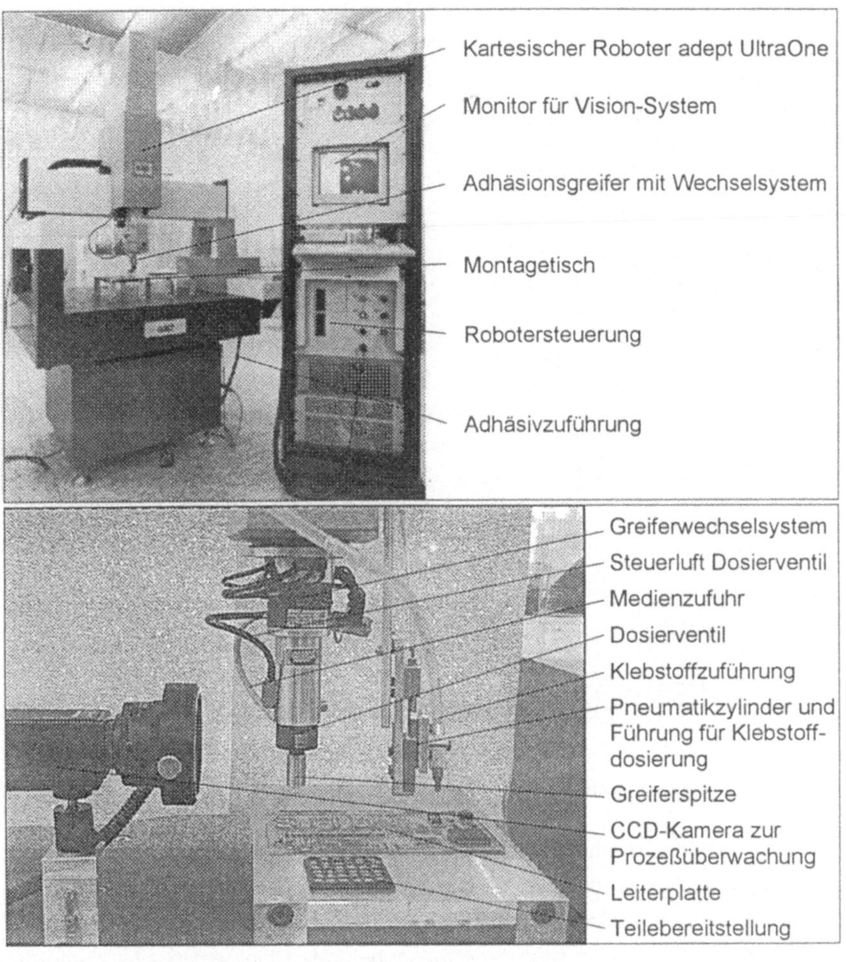

Bild 7.1: Gesamtaufbau und Versuchsaufbau

Als Adhäsivzuführung dient ein Teflonschlauch, der gegen Ethanol chemisch beständig ist. Dieser Schlauch ist innerhalb des Roboters verlegt und endet am Greiferwechelsystem, damit keine Beeinträchtigung von Greif- und Fügebewegungen entsteht.

Der Versuchsablauf ist in Bild 7.2 dargestellt.

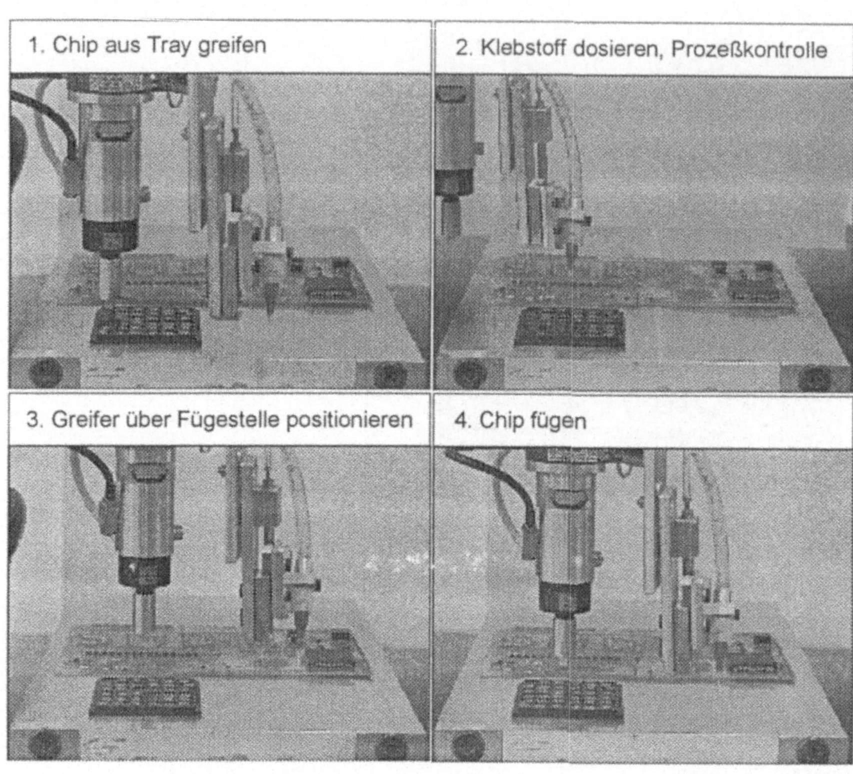

Bild 7.2: Versuchsablauf

Im ersten Schritt wird ein im Tray bereitgestellter Chip gegriffen. Danach wird der Klebstoff an der Fügestelle dosiert, wozu die Dosiernadel mit einem Pneumatikzylinder nach unten ausgefahren wird, um eine Kollision des Greifers mit der Leiterplatte zu verhindern. Gleichzeitig wird die Anwesenheit des Chips am Greifer durch das Vision-System des Roboters kontrolliert.

Im nächsten Schritt wird der Greifer über der Fügestelle positioniert und der Chip gefügt. Die Entfernung von der Greifposition zur Fügeposition beträgt 100 mm in x, y-Ebene, der Greifer wird beim Abfahren von der Teilebereitstellung um 5 mm abgehoben.

7.3 Versuchsergebnisse

7.3.1 Taktzeiten

Für die in Bild 7.3 dargestellten Taktzeituntersuchungen werden Leiterplatten verwendet, bei denen an der Fügestelle bereits Klebstoff dosiert ist, auf den der Chip gefügt wird. Somit entfällt der vom Montagesystem abhängige Prozeßschritt "Klebstoff dosieren, Prozeßkontrolle", was zu aussagefähigeren Werten für den Greifvorgang führt, da nur die Greif-, Ablöse- und Verfahrzeiten die Taktzeit bestimmen.

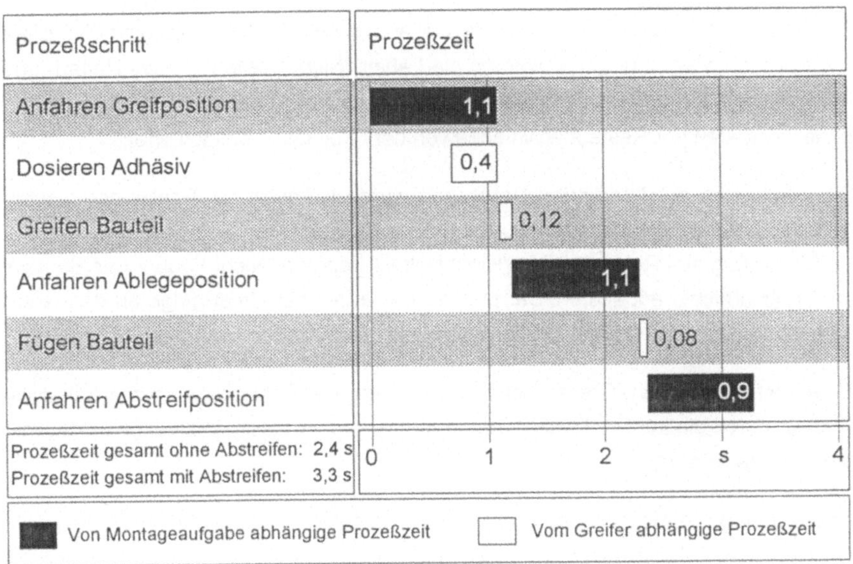

Bild 7.3: Analyse der Prozeßzeitanteile

Aus Bild 7.3 geht hervor, daß beim Prozeß ohne Abstreifen des Greifers über 90 % der Gesamtzeit direkt von der Montageaufgabe abhängig ist. Die Dosierung des Adhäsivs erfolgt zeitparallel zum Anfahren der Greifposition, so daß bei Erreichen der Greifposition die Tropfengeometrie an der Greiffläche vollständig ausgebildet ist. Somit verlängern nur die Prozeßschritte "Greifen Bauteil" und "Fügen Bauteil" die gesamte Prozeßzeit um 0,2 s, was einem Anteil der vom Greifer abhängigen Verlängerung der Prozeßzeit um weniger als 10 % entspricht.

Dieses Verhältnis kann sich bei anderen Montageaufgaben ändern, insbesondere wenn die Zeit zum Anfahren der Greifposition nicht zur vollständigen Dosierung des Adhäsivs ausreicht und vor dem Greifen gewartet werden muß, bis sich der Tropfen vollständig ausgebildet hat.

Wird das überschüssige Adhäsiv von der Greiffläche abgestreift, so ist das Anfahren einer separaten Abstreifposition notwendig, was im untersuchten Beispiel zu einer Verlängerung der Prozeßzeit um weitere 0,9 s auf eine Gesamtzeit von 3,3 s führt.

7.3.2 Fehlerbetrachtung

Zur Bestimmung von Schwachstellen des adhäsiven Greifers wird eine Fehlerbetrachtung durchgeführt. Dabei werden die Fehler "Nicht Greifen", "Nicht Halten" und "Nicht Fügen" bei unterschiedlichen Verfahrgeschwindigkeiten des Roboters mit und ohne Abstreifen der Restadhäsivmenge von der Greiffläche ausgewertet.

Bei sämtlichen durchgeführten Versuchen wurde lediglich der Fehler beobachtet, daß das Bauteil nicht gegriffen wurde. Ein Verlieren des Bauteils während der Verfahrbewegung des Roboters, d.h. "Nicht Halten" oder ein "Nicht-Fügen" des Bauteils lassen sich nicht beobachten. Der prozentuale Anteil der Greiferfolge an den Greifversuchen ist als Greifquote in Bild 7.4 über der Robotergeschwindigkeit dargestellt.

Ursache für das "Nicht-Greifen" ist in allen Fällen eine Fehldosierung des Adhäsivs. Bedingt durch die kurzen Taktzeiten und die geringen Flüssigkeitsmengen schwankt die dosierte Flüssigkeitsmenge.

Bei zu geringer Adhäsivmenge erreicht die Tropfenoberfläche nicht das Bauteil bzw. die Kraft der Flüssigkeitsbrücke reicht nicht aus, das Bauteil anzuheben und zu greifen. Bei integrierter Prozeßüberwachung läßt sich das Bauteil durch einen wiederholten Greifzyklus greifen und fügen.

Bei zu großer Adhäsivmenge tritt Adhäsiv aus dem Greifspalt aus, so daß sich eine Flüssigkeitsbrücke zwischen Bauteilunterseite und Bauteilbereitstellung ausbildet, wodurch sich das Bauteil auch durch einen neuen Greifzyklus nicht mehr aus der Teilebereitstellung abheben läßt.

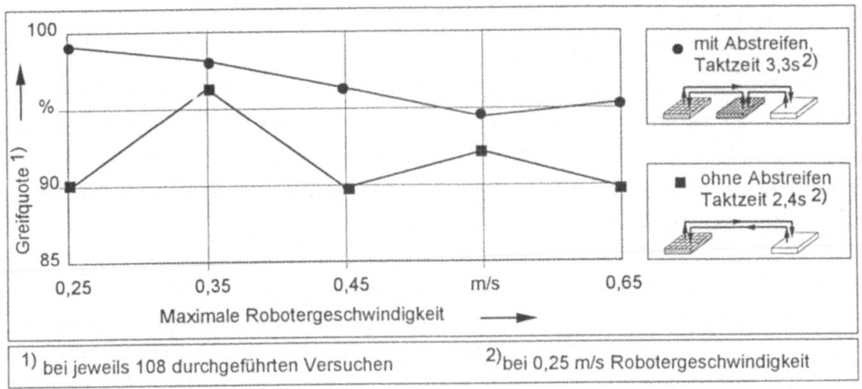

Bild 7.4: Greifquoten bei unterschiedlichen Robotergeschwindigkeiten

Aus Bild 7.4 wird deutlich, daß das Abstreifen der Restflüssigkeit vom Greifer eine Erhöhung der Greifwahrscheinlichkeit um ca. 5 % bewirkt, wodurch eine Verfügbarkeit von über 95 % erreicht wird. Die Taktzeitverlängerung durch das zusätzliche Abstreifen der Restflüssigkeit von der Greiffläche beträgt 0,9 s.

7.4 Folgerungen aus den Versuchen

In den durchgeführten Versuchen konnte die Einsetzbarkeit des adhäsiven Greifers zur Montage von kleinen Bauteilen bestätigt werden. Die Zuverlässigkeit des Greifers von über 90 % läßt erwarten, daß nach der Durchführung von Optimierungsmaßnahmen dieses Greifverfahren und -werkzeug in die industrielle Fertigung integriert werden kann.

Die Optimierungsmaßnahmen müssen sich insbesondere auf die Erhöhung der Reproduzierbarkeit der Flüssigkeitsdosierung konzentrieren, da dies in der begrenzten Anzahl an Versuchen die einzige Fehlerquelle darstellte. Eine weitere Optimierung der Taktzeiten kann im Rahmen der Erstellung eines optimierten Dosierkonzepts erfolgen.

8 Zusammenfassung und Ausblick

Die Montage von feinwerktechnischen und mikrosystemtechnischen Produkten erfolgt heute immer noch zu einem großen Teil manuell. Der Grund dafür liegt in den oftmals geringen Losgrößen und der nicht ausreichend entwickelten Automatisierungstechnik. Ein zentrales Problem bei der automatisierten Montage von kleinen Teilen stellt das Greifen dar.

Der Stand der Technik zum Greifen kleinster Bauteile ist durch eine Vielzahl aktueller Entwicklungen von mechanischen und Vakuumgreifern gekennzeichnet und zeigt, daß die bestehenden Greifsysteme eine Reihe von Schwachstellen aufweisen. Dazu zählen die fehlende Nachgiebigkeit beim Fügen, der Bedarf von mindestens zwei Griffflächen am Bauteil beim mechanischen Greifen sowie die mangelnde Zentrierwirkung bei Vakuumgreifern.

Die Analyse des Bauteilspektrums und der Montageaufgabe zeigt, daß der größte Anteil der verwendeten Bauteile Flachteile im Größenbereich zwischen 1 und 10 mm umschriebener Quader sind. In einem weiteren Schritt wird die Montageaufgabe hinsichtlich der Fügeverfahren, der Toleranzkette und der besonderen Anforderungen bei der Montage von Mikrosystemen analysiert.

Da für das Greifen mit niedrigviskosen Flüssigkeiten noch keine theoretischen Untersuchungen vorliegen, wird zum einen ein Modell der Tropfengeometrie erstellt, um daraus die Greifbedingung abzuleiten, die zur Bestimmung der Parameter des adhäsiven Greifens eine wichtige Voraussetzung ist. Zum anderen wird die Kraft zwischen Greiffläche und Grifffläche berechnet, um daraus Verfahrensparameter ableiten zu können. Dabei werden die Oberflächengeometrie der Flüssigkeitsbrücke zwischen Greif- und Grifffläche sowie der Kapillardruck berechnet, aus denen sich durch die Aufstellung eines Kräftegleichgewichts die Abhebekraft berechnen läßt. Die Zusammenhänge zwischen der Abhebekraft, dem Greifabstand und dem dosierten Flüssigkeitsvolumen werden ebenfalls zur Bestimmung der Prozeßparameter verwendet.

Mit den Erkenntnissen aus den theoretischen Untersuchungen werden der Ablauf des Greifvorgangs sowie die Teilsysteme konzipiert. Dabei werden zunächst Lösungen für das Greifsystem mit Wirkmedium, Dosiersystem und Greiffläche erarbeitet, bewertet und ausgewählt. Einen weiteren Schwerpunkt in der Konzeption bildet das Ablösesystem, bei dem für die verschiedenen Fügeverfahren jeweils unterschiedliche Ablöseverfahren konzipiert werden.

Die Bestimmung der Systemparameter stützt sich auf die theoretischen Untersuchungen und ist Grundlage für die Entwicklung der Teilsysteme. Basierend auf den Eigenschaften von Bauteil, Adhäsiv und Handhabungseinrichtung laßt sich ein Prozeßfenster für den Greifabstand und das zu dosierende Flüssigkeitsvolumen berechnen und experimentell nachweisen. Ebenso lassen sich die Verfahrensgrenzen für das Greifen mit niedrigviskosen Flüssigkeiten berechnen.

Bei der Entwicklung des Greifsystems wird aufgrund der geringen Taktzeitverluste und der hohen Flexibilität bzgl. unterschiedlicher Adhäsive zur Flüssigkeitsdosierung ein Zeit-Druck-gesteuertes Dosierventil ausgewählt. In Versuchen wird die Abhängigkeit der Ablegegenauigkeit von der Greifergeometrie und dem Werkstoff der Greiffläche untersucht. Dabei werden Bauteile mit definiertem Positions- und Winkelversatz bis zu 1,5 mm und 30° bereitgestellt und mit dem in den adhäsiven Greifer integrierten passiven Toleranzausgleich durch die Zentrierwirkung des Bauteils an der Greifffläche gegriffen und gefügt. Durch eine optimierte Geometrie der Greiffläche, die exakt an die Bauteilgeometrie angepaßt ist, und Teflon als Werkstoff der Greifspitze können Ablegegenauigkeiten von +/- 18 µm erreicht werden.

Zur Entwicklung des Ablösesystems sind zwei Systeme prototypisch realisiert und experimentell untersucht im Hinblick auf die Ablegegenauigkeiten und die Bauteilbeeinträchtigung bei unterschiedlichen Fügeverfahren.

Zum Nachweis der Eignung des Systems für den industriellen Einsatz wurde eine Montagezelle realisiert, bei der ungehäuste Si-Chips aus einem Tray gegriffen und auf eine Leiterplatte gefügt wurden. Dabei zeigten sich Taktzeiten kleiner 3 s und Verfügbarkeiten größer 95 %.

Durch die dargestellten Arbeiten konnte die Grundlage für ein völlig neues Verfahren zum Greifen kleiner Bauteile erarbeitet werden, dessen Einsatz einen innovativen Weg zur Automatisierung in der Feinwerk- und Mikrosystemtechnik aufzeigt.

Für den industriellen Einsatz sind zusätzliche Untersuchungen hinsichtlich alternativer Dosiersysteme und eines erweiterten Produktspektrums notwendig. Zudem müssen über die theoretischen Ansätze hinaus umfangreiche Versuche mit unterschiedlichen Bauteilen durchgeführt werden, um die erwartete hohe Flexibilität des Verfahrens experimentell zu verifizieren.

Die wichtigsten Ziele für weitere theoretische Arbeiten auf dem Gebiet des adhäsiven Greifens sollten Betrachtungen zum Zentrierverhalten von Bauteilen an der Griffläche sowie zur Nachgiebigkeit beim Fügen darstellen.

9 Schrifttum

Abe 1995 Abe, T.; Messner, W. C.; Reed, M. L.:
Effective Methods to Prevent Stiction During Post-Release-Etch Processing.
In: Proceedings of the IEEE Micro Electro Mechanical Systems, 29.01. - 02.02.1995 in Amsterdam.
Amsterdam: IEEE Catalog, 1995, S. 94-99

Adamson 1982 Adamson, A.W.:
Physical Chemistry of Surfaces.
New York u. a.: John Wiley & Sons, 1982

Arai 1992 Arai, T.; Stoughton, R.; Jaya Y.M.:
Micro Hand Module using Parallel Link Mechanism.
In: Proceedings of the Japan/USA Symposium on Flexible Automation, San Francisco, 1992, S.163-168

Atkins 1979 Atkins, P. W.:
Physical chemistry.
Oxford: Oxford University Press, 1979

Bashforth 1883 Bashforth, F.; Adams, J. C.:
An Attempt to test the Theories of Capillary Action by comparing the theoretical and measured Forms of Drops and Solids.
Cambridge: Cambridge University Press, 1883

Bischof 1983 Bischof, C.; Possart, W.:
Adhäsion, Theoretische und experimentelle Grundlagen.
Berlin: Akademie-Verlag, 1983

Brockmann 1975 Brockmann, W.:
Untersuchungen von Adhäsionsvorgängen zwischen Kunststoffen und Metallen.
In: Adhäsion 1975, Heft 1, S. 4-14

Bronstein 1987 Bronstein, I. N.; Semendjajew, K.:
Taschenbuch der Mathematik.
Thun, Frankfurt/Main: Verlag Harri Deutsch, 1987

Büttgenbach 1995 Büttgenbach, S.:
Schlüsseltechnologie Mikrosystemtechnik.
In: wt-Produktion und Management (1995) 85, S. 555

Chu 1994 Chu, P.; Pister, K.:
Analysis of Closed-loop Control of Parallel-Plate Electrostatic MicroGrippers.
In: Proceedings of 1994 IEEE International Conference on Robotics and Automation, 8.-13. Mai 1994, San Diego, Californien. Washington, Brüssel, Tokyo: IEEE Computer Society Press, 1994, S. 820-825

Dario 1994 Dario, P.; Carrozza, M.C.; Croce, N.; u. a.:
"Non traditional" technologies for microfabrication.
In: Micro Mechanics Europe 1994, 5./6. September 1994 in Pisa / Dario, P.. Pisa: CPR, 1994, S. 86-98

DIN 8593, 1985 Norm DIN 8593 09.1985:
Fertigungsverfahren Fügen

Druschke 1986 Druschke, W.:
Adhäsion und Tack von Haftklebstoffen.
Sonderdruck eines Vortrags zur A.F.E.R.A. -Tagung, Oktober 1986, Edinburgh

Eck 1978 Eck, B.:
Technische Strömungslehre.
Berlin u.a.: Springer-Verlag, 1978

Ehrfeld 1995 Ehrfeld, W.:
Nicht nur Chips mit Augen und Ohren ... .
In: F&M 103 (1995) Heft 9, S. 484-485

Eversheim 1996 Eversheim, W.; Klocke, F.; Pfeifer, T.; u.a.:
Herstellung von Mikrobauteilen - Perspektiven für den Maschinenbau.
In: Wettbewerbsfaktor Produktionstechnik, Aachener Perspektiven, Aachener Werkzeugmaschinen-Kolloquium AWK, 1996. Düsseldorf: VDI Verlag GmbH, 1996

Fox 1955 Fox, H. W.; Hare, E. F.; Zisman, W. A.:
Wetting Properties of Organic Liquids on high energy Surfaces
In: Journal of Phys. Chem. 59, 1955, S. 1097-1105

Fukuda 1992 Fukuda, T.; Mitsumoto, N.; Arai, F.; u.a.:
Design and Experiments of Micro Mobile Robot Using Electromagnetic Actuators.
In: Proceedings of the 3. International Symposium on Micro Machine and Human Science, 1992 in Nagoya.
Nagoya: 1992, S.77-81

Fukuda 1993 Fukuda, T.; Ishihara, H.:
Micro Optical Robotic System with Cordless Optical Power Supply.
In: Proceedings of the 1993 IEEE/RSJ International Conference on Intelligent Robots and Systems, 1993 in Yokohama.
Yokohama: IEEE, 1993, S.1473-1478

Gerthsen 1992 Gerthsen, C.; Kneser, H. O.; Vogel, H.:
Physik: Lehrbuch zum Gebrauch neben Vorlesungen.
17. Auflage.
Berlin, Heidelberg: Springer, 1992

Greitmann 1994 Greitmann, G.; Buser, R.:
Microtools for Nanorobots.
In: Seminar on Handling and Assembly of Microparts, Proceedings and Lectures, 14. November 1994, Wien / H. Detter. Wien: Institut für Feinwerktechnik, 1994

Greitmann 1996 Greitmann, G.; Buser, R. A.:
Tactile microgripper for automated handling of microparts.
In: Sensors and Actuators A 53 (1996), S. 410-415

Haag 1990 Haag, J.; Kolbeck, A.:
Stand und Entwicklung der Drahtbondtechnik.
Berlin: VDI/VDE-Technologiezentrum Informationstechnik GmbH, 1990

Hartland 1976 Hartland, S.; Hartley, R.:
Axisymmetric Fluid-Liquid Interfaces.
Amsterdam, Oxford, New York: Elsevier Scientific Publishing Company, 1976

Henschke 1994a Henschke, F.:
Greifen mikromechanischer Strukturen mit adhäsiven Hilfsstoffen.
In: F&M 102 (1994) 9, S. 411-415

Henschke 1994b Henschke, F.:
Miniaturgreifer und montagegerechtes Konstruieren in der Mikromechanik.
Fortschr.-Ber. VDI Reihe 1 Nr. 242.
Düsseldorf: VDI-Verlag, 1994

Hering 1989 Hering, E.; Martin, R.; Stohrer, M.:
Physik für Ingenieure.
Düsseldorf: VDI-Verlag, 1989

Hesse 1991 Hesse, S.:
Greifer-Praxis: Greifer in der Handhabungstechnik.
1. Auflage.
Würzburg: Vogel, 1991

Hesselbach 1995a Hesselbach, J.; Kühn, M.:
Montage mikrosystemtechnischer Bauteile.
In: me (1995) Heft 2, S. 24-27

Hesselbach 1995b Hesselbach, J.; Pittschellis, R.:
Greifer für die Mikromontage.
In: wt-Produktion und Management 85 (1995), S.595-600

Hosokawa 1996 Hosokawa, K.; Shimoyama, I.; Miura, H.:
Two-Dimensional Micro-Self-Assembly using the Surface Tension of Water.
In: The Ninth Annual International Workshop on Micro Electro Mechanical Systems, San Diego, 1996.
San Diego: IEEE, 1996, S. 67-72

Hotta 1974 Hotta, K.; Takeda, K.; Iinoya, K.:
The Capillary Binding Force of a Liquid Bridge.
In: Powder Technology, 10 (1974), S. 231-242

Hütte 1967 Akademischer Verein Hütte, e. V. (Hrsg.):
Hütte, Taschenbuch der Werkstoffkunde.
Berlin, München: Verlag Wilhelm Ernst & Sohn, 1967

Iinoya 1967 Iinoya, K.; Asakawa, S.; Hotta, K.; u.a.:
Liquid Surface Profiles in Contact with Symmetrical Solid Surfaces.
In: Powder Technology, 1 (1967), S. 28-32

Israelachvili 1985 Israelachvili, J.N.:
Intermolecular and surface forces.
London u. a.: Academic Press, 1985

Kaelble 1971 Kaelble, D. H.:
Physical Chemistry of Adhesion.
Wiley-Interscience, a Division of John Wiley & Sons, Inc., 1971, S. 120-125, 144-147

Kallweit 1988 Kallweit, W.-A.:
Miniaturgreifer nach biologischem Vorbild.
Dresden, Techn. Universität, Diss., 1988

Kergel 1995 Kergel, H.; Köhler,Th.; Ruf, Ch.:
Mikrosystemtechnische Produkte und deren Fertigungstechnik.
In: wt-Produktion und Management 85 (1995), S. 572-575

Kim 1992 Kim, C. J.; Pisano, A. P.; Muller, S.:
Silicon-Processed Overhanging Microgripper
In: Journal of Microelectromechanical Systems, 1 (1992) Nr. 1, S. 31-35

Klein 1993 Klein:
Stand des Feingießverfahrens.
VDI-Bericht 1031.
VDI-Verlag, 1993

Kozuka 1996 Kozuka, T.; Tuziuti, T.; Mitome H.:
Non-Contact Micromanipulation Using an Ultrasonic Standing Wave Field.
In: The Ninth Annual International Workshop on Micro Electro Mechanical Systems, San Diego, 1996.
San Diego: IEEE, 1996, S. 435-440

Krause 1996 Krause, W.; Gerlach, G.:
Fertigung in der Feinwerk- und Mikrotechnik: Verfahren, Werkstoffe, Gestaltung.
München, Wien: Hanser, 1996

Krull 1995 Krull, F.:
Hochstapler in der Mikrowelt.
In: Bild der Wissenschaft 7 (1995), S. 108-109

Majumdar 1967 Majumdar, S. R.; Michael, D. H.:
The equilibrium and stability of two dimensional pendent drops.
In: Proc. R. Soc. Lond. A. 351 (1967), S. 89-115

Man 1996 Man, P. F.; Gogoi, B. P.; Mastrangelo, C. H.:
Elimination of Post-release Adhesion in Microstructures using thin conformal fluorocarbon films.
In: The Ninth Annual International Workshop on Micro Electro Mechanical Systems, San Diego, 1996.
San Diego: IEEE, 1996, S. 55-60

Matijevic 1969 Matijevic, E.:
Surface and colloid science.
New York u. a.: Wiley - Interscience, 1969

Mingels 1996 Mingels, J.:
Trends bei der Oberflächenmontage.
Vortrag bei Electronic Forum am 25. April 1996

Mitsuishi 1993 Mitsuishi, M.; Kobayashi, K.; Nagao, T.; u.a.:
Development of Tele-Operated Micro-Handling / Machining System Based on Information Transformation.
In: Proceedings of the 1993 IEEE/RSJ Int. Conference on Intelligent Robots and Systems, 1993 in Yokohama.
Yokohama: 1993, S. 1473-1478

Miyazaki 1996 Miyazaki, H.; Sato, T.:
Fabrication of 3D quantum optical devices by pick-and-place forming.
In: The Ninth Annual International Workshop on Micro Electro Mechanical Systems, San Diego, 1996.
San Diego: IEEE, 1996, S. 318-324

Moesner 1995 Moesner, F.M.; Higuchi, T.:
Devices for Particle Handling by an AC Electric Field.
In: Proceedings of the 1995 IEEE International Conference, 29. Januar bis 02. Februar 1995 in Amsterdam.
Amsterdam: IEEE, 1995, S.66-71

Möllendorf 1995 Möllendorf, M.:
Mikromechanische Komponenten und Systeme.
In: me (1995) Heft 3, S. 8-9

Monkman 1994 Monkman, G. J.:
Programmable shape retention.
In: Proceedings of the 4th International Conference on New Actuators, 15.-17.06.1994 in Bremen.
Bremen: AXON Technoloie Consult GmbH, 1994, S. 341-347

Moore 1983 Moore, W., Hummel, D.:
Physikalische Chemie.
Berlin, New York: Walter de Gruyter, 1983

Morishita 1993 Morishita, H.; Hatamura, Y.:
Development of ultra micro manipulator systems under stereo SEM observation.
In: Proceedings of the 1993 IEEE/RSJ International Conference on Intelligent Robots and Systems 1993 in Yokohama.
Yokohama: 1993, S.1717-1721

Neumann 1971 Neumann, A. W.; Renzow, D.; Reumuth, H.; u.a.:
Der Einfluß der Rauhigkeit auf die Benetzung.
In: Fortschr. Kolloide u. Polymere 55 (1971) S. 49-54

Neumann 1974 Neumann, A.W.:
Contact angle and their temperature dependance: Thermodynamic status, measurement, interpretation and application.
In: Adv.Coll.Interf.Sci. 4 (1974), S. 105-191

Olivier 1993 Olivier, M.; Hunter, I.W.; Lafontaine, S.; u.a.:
A Tele-nano-Robot for microfabrication and microassembly.
In: Proceedings on the IARP Workshop on Micromachine Technologies and Systems 1993 in Tokyo.
Tokyo: 1993, S.16-23

Othsu 1996 Othsu, M.; Minami, K.; Esashi, M.:
Fabrication of packaged thin beam structure by an improved drying method.
In: The Ninth Annual International Workshop on Micro Electro Mechanical Systems 1996 in San Diego.
San Diego: IEEE, 1996, S. 228-233

Padday 1972 Padday, J. F.; Pitt, A.:
Axisymmetric Meniscus Profiles.
In: Journal of Colloid and Interface Science, 38 (1972) Nr. 2, S. 323-334

Padday 1978 Padday, J. F.:
Wetting, Spreading and Adhesion.
London, New York, San Fransisco: Academic Press 1978

Parker 1986 Parker, J. K.; Dubey, R.; Paul, F. W.; u.a.:
Robotic Fabric Handling for Automating Garment Manufacturing.
In: Robot Grippers / D. T. Pham, W. B. Henginbotham.
Berlin, Heidelberg, New York, Tokyo: Springer, 1986

Pietsch 1967 Pietsch, W.; Rumpf, H.:
Haftkraft, Kapillardruck, Flüssigkeitsvolumen und Grenzwinkel einer Flüssigkeitsbrücke zwischen zwei Kugeln.
In: Chemie-Ing.-Techn., 39 (1967) Heft 15, S. 885-893

Pitts 1973 Pitts, E.:
The Stability of pendant liquid drops. Part 1. Drops formed in a narrow gap.
In: J. Fluid Mech. (1973), Nr. 59, Teil 4, S. 753-767

Pitts 1974 Pitts, E.:
The Stability of pendant liquid drops. Part 2. Axial symmetry.
In: J. Fluid Mech. (1974), Nr. 63, Teil 3, S. 487-508

Prandtl 1990 Prandtl, L.; Oswatitsch, K.; Wieghardt, K.:
Führer durch die Strömungslehre.
Braunschweig, Wiesbaden: Vieweg, 1990

Produktblatt 1995 SPI Robot Systeme GmbH: Produktblatt.
Oppenheim, 1995 - Firmenschrift

Reichl 1988 Reichl, H.:
Hybridintegration. Technologie und Entwurf von Dickschichtschaltungen.
Heidelberg: Dr. Alfred Hüthig Verlag, 1988

Reinhart 1997 Reinhart, G.; Höhn, M.:
Flexible Montage von Miniaturbauteilen.
In: F & M 105 (1997) 1-2, S. 43-45

Salim 1996 Salim, R.; Wurmus, H.:
Kleinste Objekte im Griff, Siliziumgreifer für die Mikromontage.
In: F & M 104 (1996) 9, S. 637-640

Sandmaier 1996 Sandmaier, H.; Zengerle, R.:
Microfluidics.
In: Seventh International Symposium on Micro Machine and Human Science, 2. bis 4. Oktober 1996 in Nagoya, Japan.
Nagoya: 1996, S. 13-20

Sato 1993 Sato, T.; Koyano,K.; Nakao, M.; u.a.:
Micro Handling Robot for Micromachine Assembly.
In: Proceedings of the 1st IARP Workshop on Micro Robotics and Systems, Juni 1993 in Karlsruhe.
Dillmann, R.; Holler, E. (Hrsg.).
Karlsruhe: 1993, S.138-146

Schlaich 1988 Schlaich, G.:
Kabelbaummontage mit Industrierobotern.
Berlin u.a.: Springer, 1988.
Zugl. Universität Stuttgart, Diss., 1988

Schmalz 1994 Schmalz, K.:
Vacuum Grippers on Robots and Handling Systems.
In: Robotics '94 - Flexible Produktion - Flexible Automation, Proceedings of the 25th International Symposium on Industrial Robots, 25.-27. April 1994, Hannover / MEP.
Hannover, 1994, S.59-66

Schraft 1996 Schraft, R. D.; Schweizer, M.; Bark, C.; Vögele, G.; Weisener, T.:
Advances in Micro-Assembly.
In: Proceedings of the 28th CIRP International Seminar on Manufacturing Systems, 14.-17. Mai 1996, Johannesburg / Z. Katz.
Johannesburg: Rand Afrikaans University, 1996, S. 83-88

Schomburg 1994 Schomburg, W.K.; Menz, W.; Seidel, D.; u.a.:
Assembly for Micromechanics and LIGA.
In: Micro Mechanics Europe 1994, 5./6. September 1994 in Pisa / Dario, P..
Pisa: CPR, 1994, S. 17-27

Schubert 1968 Schubert, H.:
Experimentelle Bestimmung von Haftkraft und Randwinkel am System einer Flüssigkeitsbrücke zwischen zwei Kugeln.
In: Chemie-Ing.-Techn. 40 (1968) Heft 15, S. 745-747

Schubert 1982 Schubert, H.:
Kapillarität in porösen Feststoffsystemen.
Berlin, Heidelberg: Springer-Verlag, 1982

Schutzrecht 1974 Schutzrecht P 24 04 863.3 (07.08.1975).
Daimler-Benz AG. Pr: 01.02.1974

Schutzrecht 1993 Schutzrecht DE 43 15 795 A1 (17.11.1994).
Zevatech AG. Pr.: 13.05.1993

Schutzrecht 1994 Schutzrecht DE 44 46 489 C 1 (15.05.1996).
Fraunhofer-Gesellschaft zur Förderung der angewandten Forschung e. V.. Pr.: 23.12.1994

Schweigert 1994 Schweigert, U.:
Flexible Robotergreifer für die Präzisionsmontage.
In: Transfer (1994) 4, S. 20-23

Seegräber 1993 Seegräber, L.:
Greifsysteme für Montage, Handhabung und Industrieroboter : Grundlagen - Erfahrungen - Einsatzbeispiele.
Ehningen bei Böblingen: Expert-Verlag, 1993

Simon 1974 Simon, G.:
Die Kohäsion von Klebstoffen.
In: Adhäsion (1974) Heft 4, S. 98-101

Simon 1976 Simon, G.:
Über die Klebrigkeit.
In: Adhäsion (1976) Heft 3, S. 75-76

Spur 1981 Spur, G.:
Analyse und Entwicklung flexibler Greifeinrichtungen unter Berücksichtigung werkstückbezogener Einflußfaktoren, Abschlußbericht über das Forschungsvorhaben.
Berlin: Institut für Werkzeugmaschinen und Fertigungstechnik, TU Berlin, 1981

Stroppe 1990 Stroppe, H.:
Physik.
Leipzig: VEB-Fachbuchverlag Leipzig, 1990

Suzuki 1996 Suzuki, Y.:
Flexible Microgripper and its Application to Micromeasurement of Mechanical and Thermical Properties.
In: The Ninth Annual International Workshop on Micro Electro Mechanical Systems 1996 in San Diego.
San Diego: IEEE, 1996, S. 406-411

Suzumori 1991a Suzumori, K.; Kondo, F.; Tanaka, H.:
Miniature Walking Robot Using Flexible Microactuators.
In: Proceedings of the 2. International Symposium on Micro Machine and Human Science 1991 in Nagoya.
Nagoya: 1991, S.29-36

Suzumori 1991b Suzumori, K.; Iikura, S.; Tanaka, H.:
Development of Flexible Microactuator and Its Application to Robotic Mechanisms.
In: Proceedings of the 1991 IEEE International Conference on Robotics and Automation 1991 in Sacramento.
Sacramento: 1991, S.1622-1627

Suzumori 1991c Suzumori, K.; Iikura, S.; Tanaka, H.:
Flexible Microactuator for Miniature Robots.
In: Proceedings of the 1991 IEEE International Conference on Robotics and Automation 1991 in Sacramento.
Sacramento: 1991, S.204-209

Tatter 1987 Tatter, A.:
Kleinteilegreifer mit Hitzdrahtantrieb.
In: Feingerätetechnik 36 (1987) 5, S. 214-215

VDI-Richtlinie 2860 VDI-Richtlinie 2860 E Blatt 1: Handhabungsfunktionen, Handhabungseinrichtungen, Begriffe, Definitionen, Symbole. Oktober 1982

von Meiss 1994 von Meiss, P.:
Automated Assembly Units for Microsystems.
In: mst news 9 (1994), S. 2-3

Wallrabe 1991 Wallrabe, U.:
Rotierende Mikrostrukturen als Grundlage für einen mikromechanischen Strömungssensor.
In: Werkstoffe der Mikrotechnik : Basis für neue Produkte, 24/25.10.1991, Karlsruhe / VDI/VDE Gesellschaft Feinwerktechnik.
Düsseldorf: VDI-Verlag, 1991, S. 327 - 337

Walther 1985 Walther, J.:
Montage großvolumiger Produkte mit Industrierobotern.
Berlin u.a.: Springer, 1985.
Zugl. Universität Stuttgart, Diss., 1985.

Warnecke 1995 Warnecke, H.-J.; Gillner, A.:
Bedeutung der Mikrostrukturtechnik - Perspektiven für Laseranwendungen.
In: Laser in Forschung und Technik, Vorträge des 12. Internationalen Kongresses Laser 95.
Springer, 1995, S. 927-942

Weiss 1962 Weiss, P.:
Adhesion and Cohesion.
Elsevier Publishing Company ,1962, S. 192-195

Westkämper 1996 Westkämper, E.; Hoffmeister, H.-P.; Gäbler, J.:
Spanende Mikrofertigung.
In: F&M 104 (1996) Nr. 7-8, S. 525-530

Woodrow 1961 Woodrow, J.; Chilton, H.; Hawes, R. I.:
Forces between Slurry Particles due to Surface Tension.
In: J. Nucl. Energy, Part B: Reaktor Technology, 1 (1961),
S. 229-237

Zisman 1964 Zisman, W. A.:
Relation of the Equilibrum Contact Angle to Liquid and Solid Constitution.
In: Advances in Chemistry, Series 43.
Washington: American Chemical Society, 1964

Zühlke 1996 Zühlke, D.; Fischer, R.; Hankes, J.:
Millimetergenau positioniert.
In: SMM Nr. 35 (1996), S.18-20

IPA Forschung und Praxis

Schriftenreihe aus dem Institut für Produktionstechnik und Automatisierung, Stuttgart

Herausgeber: Prof. Dr.-Ing. Dr. h. c. mult. H.-J. Warnecke

Datenerfassung im Produktionsbereich
Von E. Bendeich. ISBN 3-7830-0117-8.
1977, 176 Seiten, kartoniert. 54,— DM

Methodenauswahl für die Materialbewirtschaftung in Maschinenbau-Betrieben
Von H. Graf. ISBN 3-7830-0136-6.
1977, 144 Seiten, kartoniert. 54,— DM

Systematische Auswahl von Förderhilfsmitteln für den innerbetrieblichen Materialfluß
Von W. Rau. ISBN 3-7830-0139-0.
1977, 103 Seiten, kartoniert. 40,— DM

Grundlagen zur Planung von Ersatzteilfertigungen
Von E. Schulz. ISBN 3-7830-0138-2.
1977, 98 Seiten, kartoniert. 40,— DM

Rechnerunterstützte Fabrikplanung
Von B. Minten. ISBN 3-7830-0116-1.
1977, 124 Seiten, kartoniert. 38,— DM

Eine Planungsmethode für automatische Montagesysteme
Von H.-G. Löhr. ISBN 3-7830-0120-X.
1977, 108 Seiten, kartoniert. 32,— DM

Planung und Bewertung von Arbeitssystemen in der Montage
Von H. Metzger. ISBN 3-7830-0131-5.
1977, 108 Seiten, kartoniert. 40,— DM

Klassifizierungssystem für Prüfmittel der industriellen Längenprüftechnik
Von R. Czetto. ISBN 3-7830-0144-7.
1978, 181 Seiten, kartoniert. 64,— DM

Rechnerunterstützte Montageplanung
Von O. Hirschbach. ISBN 3-7830-0149-8.
1978, 146 Seiten, kartoniert. 52,— DM

Rechnerunterstützte Entwicklung von Simulationsmodellen für Unternehmensplanspiele
Von A. Moker. ISBN 3-7830-0147-1.
1978, 181 Seiten, kartoniert. 64,— DM

Arbeitsplatzanalysen zur Ermittlung der Einsatzmöglichkeiten und Anforderungen an Industrieroboter
Von G. Herrmann. ISBN 37830-0151-X.
1978, 113 Seiten, kartoniert. 40,— DM

MFSP — Ein Verfahren zur Simulation komplexer Materialflußsysteme
Von G. Stemmer. ISBN 3-7830-0118-8.
1977, 140 Seiten, kartoniert. 60,— DM

Berührungslose Erkennung durch Positionsbestimmung von Objekten durch inkohärent-optische Korrelation
Von M. König. ISBN 3-7830-0137-4.
1977, 110 Seiten, kartoniert. 40,— DM

Auslegung von Störungspuffern in kapitalintensiven Fertigungslinien
Von R. v. Stetten. ISBN 3-7830-0140-4.
1977, 154 Seiten, kartoniert. 56,— DM

Flexible Transportablaufsteuerung
Von G. Römer. ISBN 3-7830-0114-5.
1977, 188 Seiten, kartoniert. 60,— DM

Rechnergestützte Realplanung von Fabrikanlagen
Von T.-K. Sauter. ISBN 3-7830-0119-6.
1977, 108 Seiten, kartoniert. 32,— DM

Systematisches Auswählen und Konzipieren von programmierbaren Handhabungsgeräten
Von R. D. Schraft. ISBN 3-7830-0115-3.
1977, 108 Seiten, kartoniert. 32,— DM

Auslandsproduktion
Von W. Cypris. ISBN 3-7830-0145-5.
1978, 126 Seiten, kartoniert. 42,— DM

Wirtschaftlicher Einsatz von Mehrkoordinatenmeßgeräten
Von M. Dietzsch. ISBN 3-7830-0148-X.
1978, 142 Seiten, kartoniert. 52,— DM

Fertigungssteuerung bei flexiblen Arbeitsstrukturen
Von K.-G. Lederer. ISBN 3-7830-0146-3.
1978, 128 Seiten, kartoniert. 42,— DM

Untersuchungen zum Polieren und Entgraten durch elektrochemisches Oberflächenabtragen
Von K. Zerweck. ISBN 3-7830-0150-1.
1978, 110 Seiten, kartoniert. 40,— DM

Stufenweise Ableitung eines praktischen Planungssystems für den Entwicklungsbereich
Von R. Hichert. ISBN 3-7830-0149-8.
1978, 151 Seiten, kartoniert. 52,– DM

Produktionsplanung mit Auftragsfamilien
Von U. W. Geitner. ISBN 3-7830-0161.7.
1979, 110 Seiten, kartoniert. 45,– DM

Thermisch-chemisches Entgraten
Von T. Wagner. ISBN 3-7830-0164-1.
1979, 111 Seiten, kartoniert. 45,– DM

Untersuchung der Materialflußkosten bei ausgewählten Systemen der Zentralen Arbeitsverteilung
Von R. Wenzel. ISBN 3-7830-0162-5.
1979, 168 Seiten, kartoniert. 86,– DM

Anpassung und Einführung eines Planungssystems für die Ablaufplanung im Konstruktionsbereich
Von W. Dangelmaier. ISBN 3-7830-0163-3.
1979, 168 Seiten, kartoniert. 80,– DM

Längenmessungen an bewegten Teilen mit berührungslos wirkenden Aufnehmern
Von H. Lang. ISBN 3-7830-0157-9
1979, 89 Seiten, kartoniert. 42,– DM

Untersuchung multistabiler Strömungselemente und ihr Einsatz in sequentiellen Steuerungen
Von A. Ernst. ISBN 3-7830-0157-9.
1979, 122 Seiten, kartoniert. 48,– DM

Taktile Sensoren für programmierbare Handhabungsgeräte
Von M. Schweizer. ISBN 3-7830-0158-7.
1979, 91 Seiten, kartoniert. 42,– DM

Die rechnerunterstützte Prüfplanung
Von P. Blasing. ISBN 3-7830-0152-8.
1979, 100 Seiten, kartoniert. 44,– DM

Verfahren zur Fabrikplanung im Mensch-Rechner-Dialog am Bildschirm
Von W. Ernst. ISBN 3-7830-0156-0.
1979, 218 Seiten, kartoniert. 72,– DM

Rechnerunterstütztes Verfahren zur Leistungsabstimmung von Mehrmodell-Montagesystemen
Von M. Gorke. ISBN 3-7830-0155-2.
1979, 139 Seiten, kartoniert 50,– DM

Standortbezogene Betriebsmittel
Von G. Pflieger. ISBN 3-7830-0167-6.
1979, 127 Seiten, kartoniert. 52,– DM

Die betriebswirtschaftliche Beurteilung neuer Arbeitsformen
Von B.-H. Zippe. ISBN 3-7830-0168-4.
1979, 350 Seiten, kartoniert. 98,– DM

Untersuchung des Arbeitsverhaltens programmierbarer Handhabungsgeräte
Von B. Brodbeck. ISBN 3-7830-0169-2.
1979, 117 Seiten, kartoniert. 48,– DM

Untersuchung eines kohärent-optischen Verfahrens zur Rauheitsmessung
Von N. Rau. ISBN 3-7830-0174-9
1979, 117 Seiten, kartoniert. 48,– DM

Entwicklung einer programmierbaren, pneumatischen Steuerung
Von D. Klemenz. ISBN 3-7830-0171-4.
1979, 93 Seiten, kartoniert. 42,– DM

IPA Forschung und Praxis

Berichte aus dem Fraunhofer-Institut für Produktionstechnik und Automatisierung, Stuttgart, und dem Institut für Industrielle Fertigung und Fabrikbetrieb der Universität Stuttgart

Herausgeber: Prof. Dr.-Ing. Dr. h. c. mult. H.-J. Warnecke

---

38 **Arbeitsgangterminierung mit variabel strukturierten Arbeitsplänen — Ein Beitrag zur Fertigungssteuerung flexibler Fertigungssysteme**
Von U. Maier. ISBN 3-540-10213-2.
1980, 111 Seiten mit 45 Abbildungen. 43.– DM

39 **Kapazitätsabgleich bei flexiblen Fertigungssystemen**
Von P. S. Nieß. ISBN 3-540-10372-4.
1980, 151 Seiten mit 57 Abbildungen. 48.– DM

40 **Schichtdickenverteilung auf galvanisierten Paßteilen am Beispiel kleiner abgesetzter Wellen und Bohrungen**
Von D. Wolfhard. ISBN 3-540-10373-2.
1980, 177 Seiten mit 83 Abbildungen. 48.– DM

41 **Planung von Mehrstellenarbeit unter Berücksichtigung von Umfeldaufgaben**
Von S. Häußermann. ISBN 3-540-10374-0.
1980, 136 Seiten mit 59 Abbildungen. 48.– DM

42 **Untersuchungen zur Schmierfilmdicke in Druckluftzylindern — Beurteilung der Abstreifwirkung und des Reibungsverhaltens von Pneumatikdichtungen mit Hilfe eines neu entwickelten Schmierfilmdicken-meßverfahrens**
Von R. Köhnlechner. ISBN 3-540-10375-9.
1980, 100 Seiten mit 38 Abbildungen und 4 Tabellen. 43.– DM

43 **Typologie zum überbetrieblichen Vergleich von Fertigungssteuerungsverfahren im Maschinenbau**
Von G. Rabus. ISBN 3-540-10376-7.
1980, 174 Seiten mit 88 Abbildungen und 21 Tafeln. 48.– DM

44 **System zur Planung des Umlaufbestandes in Betrieben mit Serienfertigung**
Von K.-G. Wilhelm. ISBN 3-540-10377-5.
1980, 142 Seiten mit 67 Abbildungen und 15 Tafeln. 48.– DM

45 **Rechnerunterstützte Arbeitsplanerstellung mit Kleinrechnern, dargestellt am Beispiel der Blechbearbeitung**
Von W. Hoheisel. ISBN 3-540-10505-0.
1981, 169 Seiten mit 74 Abbildungen. 48.– DM

46 **Beitrag zur Verbesserung der Wirtschaftlichkeit EDV-unterstützter Fertigungssteuerungssysteme durch Schwachstellenanalyse**
Von J. Lienert. ISBN 3-540-10506-9.
1981, 148 Seiten mit 37 Abbildungen. 48.– DM

47 **Die Abscheidung von Öl an Entlüftungsöffnungen drucklufttechnischer Anlagen**
Von W.-D. Kiessling. ISBN 3-540-10604-9.
1981, 117 Seiten mit 48 Abbildungen und 3 Tabellen. 43.– DM

48 **Dynamische Optimierung technisch-ökonomischer Systeme**
Von J. Warschat. ISBN 3-540-10717-7.
1981, 132 Seiten mit 60 Abbildungen. 43.– DM

49 **Bildsensor zur Mustererkennung und Positionsmessung bei programmierbaren Handhabungsgeräten**
Von H. Geißelmann. ISBN 3-540-10735-5.
1981, 125 Seiten mit 52 Abbildungen. 43.– DM

50 **Verfügbarkeitsberechnung für komplexe Fertigungseinrichtungen**
Von Ekkehard Gericke. ISBN 3-540-10779-7.
1981, 132 Seiten mit 71 Abbildungen. 43.– DM

51 **Materialflußgestaltung in Fertigungssystemen**
Von Willi Rößner. ISBN 3-540-10888-2.
1981, 149 Seiten mit 76 Abbildungen. 48.– DM

52 **Beitrag zur Analyse der Auswirkungen der Mikroelektronik, dargestellt am Beispiel der Büromaschinen-Industrie**
Von Werner Neubauer. ISBN 3-540-10991-9.
1981, 145 Seiten mit 27 Abbildungen und 47 Tabellen. 43.– DM

53 **Modelle von Informationssystemen zur kurzfristigen Fertigungssteuerung und ihre Gestaltung nach betriebsspezifischen Gesichtspunkten**
Von Roland Gentner. ISBN 3-540-10992-7.
1981, 181 Seiten mit 69 Abbildungen und 7 Tabellen. 48.– DM

54 **Entwicklung von Verfahren zur Terminplanung und -steuerung bei flexiblen Montagesystemen**
Von Jürgen H. Kölle. ISBN 3-540-11227-8.
1981, 132 Seiten mit 64 Abbildungen und 1 Faltplan. 43.– DM

55 **Arbeits- und Kapazitätsteilung in der Montage**
Von Stefan Dittmayer. ISBN 3-540-11228-6.
1981, 124 Seiten und 56 Abbildungen. 43.– DM

56 **Beitrag zur systematischen Planung der Qualitätsprüfung bei Klein- und Mittelserienfertigung**
Von Herbert Babic. ISBN 3-540-11325-8
1982, 108 Seiten mit 38 Abbildungen und 7 Tabellen. 53.– DM

57 **Methode zur rechnerunterstützten Einsatzplanung von programmierbaren Handhabungsgeräten**
Von Uwe Schmidt-Streier. ISBN 3-540-11355-X.
1982, 188 Seiten mit 72 Abbildungen. 53.– DM

58 **Werkstoff- und Energiekennwerte industrieller Lackieranlagen, am Beispiel der Automobilindustrie**
Von Rainer Manfred Thiel. ISBN 3-540-11356-8.
1982, 116 Seiten mit 59 Abbildungen. 53.– DM

59 **Maßnahmen zum Verbessern der pneumatischen Lackzerstäubung – Teilchengrößenbestimmung im Spritzstrahl –**
Von Klaus Werner Thomer. ISBN 3-540-11507-2.
1982, 162 Seiten mit 94 Abbildungen und 1 Tabelle. 53.– DM

60 **Ermittlung und Bewertung von Rationalisierungsmaßnahmen im Produktionsbereich**
Von Jürgen Schilde. ISBN 3-540-11730-X.
1982, 158 Seiten mit 57 Abbildungen. 53.– DM

61 **Untersuchung von Verfahren der Reihenfolgeplanung und ihre Anwendung bei Fertigungszellen**
Von Mohamed Osman. ISBN 3-540-11747-4.
1982, 124 Seiten mit 32 Abbildungen und 3 Tabellen. 53.– DM

62 **Ein Simulationsmodell zur Planung gruppentechnologischer Fertigungszellen**
Von Volker Saak. ISBN 3-540-11747-4.
1982, 134 Seiten mit 53 Abbildungen. 53.– DM

63 **Verfahren zur technischen Investitionsplanung automatisierter Fertigungsanlagen**
Von Günter Vettin. ISBN 3-540-11747-4.
1982, 134 Seiten mit 63 Abbildungen. 53.– DM

64 **Pneumatische Sensoren zur prozeßsimultanen Messung des Werkzeugverschleißes und zur Kollisionsvermeidung beim Messerkopffräsen**
Von Wolfgang Jentner. ISBN 3-540-11747-4.
1982, 126 Seiten mit 47 Abbildungen und 6 Tabellen. 53.– DM

65 **Rechnerunterstützte Gestaltung ortsgebundener Montagearbeitsplätze, dargestellt am Beispiel kleinvolumiger Produkte**
Von Eberhard Haller. ISBN 3-540-12015-7.
1982, 130 Seiten mit 43 Abbildungen. 53.– DM

66 **Fernsehüberwachung von Schutzgasschweißvorgängen mit abschmelzender Elektrode MIG – MAG**
Von Ruprecht Niepold. ISBN 3-540-12181-7.
1983, 178 Seiten mit 73 Abbildungen und 5 Tabellen. 58.– DM

67 **Entwicklung flexibler Ordnungssysteme für die Automatisierung der Werkstückhandhabung in der Klein- und Mittelserienfertigung**
Von Karl Weiss. ISBN 3-540-12455-1.
1983, 116 Seiten mit 68 Abbildungen. 58.– DM

68 **Automatisierte Überwachungsverfahren für Fertigungseinrichtungen mit speicherprogrammierten Steuerungen**
Von Werner Eißler. ISBN 3-540-12456-X.
1983, 128 Seiten mit 66 Abbildungen. 58.– DM

69 **Prozeßüberwachung beim Galvanoformen**
Von Jürgen Wilhelm Böcker. ISBN 3-540-12457-8.
1983, 118 Seiten mit 32 Abbildungen. 58.– DM

70 **LAPEX – Ein rechnerunterstütztes Verfahren zur Betriebsmittelzuordnung**
Von Stephan Mayer. ISBN 3-540-12490-X.
1983, 162 Seiten mit 34 Abbildungen und 2 Tabellen. 58.– DM

71 **Gestaltung eines integrierten Produktionssystems für die Sortenfertigung unter Einsatz der Clusteranalyse**
Von Gerald Weber. ISBN 3-540-12650-3.
1983, 194 Seiten mit 54 Abbildungen. 58.– DM

72 **Gußputzen mit sensorgeführten, programmierbaren Handhabungsgeräten**
Von Eberhard Abele. ISBN 3-540-12651-1.
1983, 133 Seiten mit 66 Abbildungen. 58,– DM

73 **Untersuchungen zur Herstellung und zum Einsatz galvanogeformter Erodierelektroden**
Von Harald Müller. ISBN 3-540-12822-0.
1983, 148 Seiten mit 78 Abbildungen. 58,– DM

74 **Ein Beitrag zur Optimierung der Prozeßführungsstrategien automatisierter Förder- und Materialflußsysteme**
Von Hans Steffens. ISBN 3-540-12968-5.
1983. 161 Seiten mit 60 Abbildungen. 58,– DM

75 **Entwicklung eines Verfahrens zur wertmäßigen Bestimmung der Produktivität und Wirtschaftlichkeit von Personalentwicklungsmaßnahmen in Arbeitsstrukturen**
Von Christian Müller. ISBN 3-540-13041-1.
1983. 129 Seiten mit 34 Abbildungen. 58,– DM

76 **Berechnung der Gestaltänderung von Profilen infolge Strahlverschleiß**
Von Wolfgang Marx. ISBN 3-540-13054-3.
1983. 121 Seiten mit 58 Abbildungen. 58,– DM

77 **Algorithmen zur flexiblen Gestaltung der kurzfristigen Fertigungssteuerung**
Von Rudolf E. Scheiber. ISBN 3-540-13500-6.
1984, 150 Seiten mit 73 Abbildungen und 1 Tabelle. 63.– DM

78 **Galvanisieren mit moduliertem Strom**
Von Jürgen Wolfgang Mann. ISBN 3-540-13733-5.
1984, 145 Seiten und 58 Abbildungen. 63,– DM

79 **Fluoreszenzmeßverfahren zur Schmierfilmdickenmessung in Wälzlagern**
Von Wolfgang Schmutz. ISBN 3-540-13777-7.
1984, 141 Seiten und 66 Abbildungen. 63,– DM

IPA-IAO Forschung und Praxis

Berichte aus dem Fraunhofer-Institut für Produktionstechnik und Automatisierung (IPA), Stuttgart, Fraunhofer-Institut für Arbeitswirtschaft und Organisation (IAO), Stuttgart, und Institut für Industrielle Fertigung und Fabrikbetrieb der Universität Stuttgart

Herausgeber: Prof. Dr.-Ing. Dr. h. c. mult. H.-J. Warnecke und Prof. Dr.-Ing. habil. Prof. E. h. Dr. h. c. H.-J. Bullinger

---

80 **Flexibilität und Kapazität von Werkstückspeichersystemen**
Von Bernhard Graf. ISBN 3-540-13970-2.
1984, 115 Seiten mit 71 Abbildungen. 63,– DM

T1 **Flexible Fertigungssysteme**
17. IPA-Arbeitstagung zusammen mit der 3. Internationalen Konferenz „Flexible Manufacturing Systems (FMS-3)", ISBN 3-540-13807-2.
1984, 249 Seiten mit zahlreichen Abbildungen. 118,– DM

T2 **Integrierte Bürosysteme**
3. IAO-Arbeitstagung. ISBN 3-540-13978-8.
1984, 633 Seiten mit zahlreichen Abbildungen. 168,– DM

81 **Rechnerunterstützte Planung von Montageablaufstrukturen für Erzeugnisse der Serienfertigung**
Von Ernst-Dieter Ammer. ISBN 3-540-15056-0.
1985, 120 Seiten mit 1 Faltblatt und 33 Abbildungen. 63,– DM

82 **Flexibilität von personalintensiven Montagesystemen bei Serienfertigung**
Von Heinrich Vähning. ISBN 3-540-15093-5.
1985, 152 Seiten mit 49 Abbildungen. 63,– DM

83 **Ordnen von Werkstücken mit programmierbaren Handhabungsgeräten und Werkstückerkennungssensoren**
Von Ingo Schmidt. ISBN 3-540-15375-6.
1985, 111 Seiten mit 66 Abbildungen. 63,– DM

84 **Systematische Investitionsplanung**
Von Jorge Moser. ISBN 3-540-15370-5.
1985, 190 Seiten mit 69 Abbildungen. 63,– DM

T3 **Montage · Handhabung · Industrieroboter**
Internationaler MHI-Kongreß im Rahmen der Hannover-Messe '85. ISBN 3-540-15500-7.
1985, 267 Seiten mit zahlreichen Abbildungen. 128,– DM

85 **Flexible Montagesysteme – Konzeption und Feinplanung durch Kombination von Elementen**
Von Peter Konold / Bernd Weller. ISBN 3-540-15606-2.
1985, 162 Seiten mit 71 Abbildungen und 9 Tabellen. 63,– DM

T4 **Menschen · Arbeit · Neue Technologien**
4. IAO-Arbeitstagung zusammen mit der 2. Internationalen Konferenz „Human Factors in Manufacturing". ISBN 3-540-15763-8.
1985, 442 Seiten mit zahlreichen Abbildungen. 168,– DM

86 **Leitstandunterstützte kurzfristige Fertigungssteuerung bei Einzel- und Kleinserienfertigung**
Von Lothar Aldinger. ISBN 3-540-15903-7.
1985, 151 Seiten mit 49 Abbildungen und 2 Tabellen. 63,– DM

87 **Bestimmen des Bürstenverhaltens anhand einer Einzelborste**
Von Klaus Przyklenk. ISBN 3-540-15956-8.
1985, 117 Seiten mit 74 Abbildungen. 63,– DM

88 **Montage großvolumiger Produkte mit Industrierobotern**
Von Jörg Walther. ISBN 3-540-16027-2.
1985, 125 Seiten mit 58 Abbildungen. 63,– DM

89 **Algorithmen und Verfahren zur Erstellung innerbetrieblicher Anordnungspläne**
Von Wilhelm Dangelmaier. ISBN 3-540-16144-9.
1986, 268 Seiten mit 79 Abbildungen. 68,– DM

90 **Bewertung der Instandhaltung von Fertigungssystemen in der technischen Investitionsplanung**
Von Hagen U. Uetz. ISBN 3-540-16166-X.
1986, 129 Seiten mit 38 Abbildungen. 68,– DM

91 **Entgraten durch Hochdruckwasserstrahlen**
Von Manfred Schlatter. ISBN 3-540-16172-4.
1986, 167 Seiten mit 89 Abbildungen und 18 Tabellen. 68,– DM

92 **Werkstückorientierte Verfahrensauswahl zum Gußputzen mit Industrierobotern**
Von Wolfgang Sturz. ISBN 3-540-16224-0.
1986, 156 Seiten mit 59 Abbildungen. 68,– DM

93 **Verfahren zur Verringerung von Modell-Mix-Verlusten in Fließmontagen**
Von Reinhard Koether. ISBN 3-540-16499-5.
1986, 175 Seiten mit 46 Abbildungen und 1 Tabelle. 68,– DM

94 **Entwicklung und Einsatz eines interaktiven Verfahrens zur Leistungsabstimmung von Montagesystemen**
Von Günter Schad. ISBN 3-540-16978-4.
1986, 120 Seiten mit 31 Abbildungen und 1 Tabelle. 68,– DM

95 **Qualifizierung an Industrierobotern**
Von Wolfgang Bachl. ISBN 3-540-17018-9.
1986, 218 Seiten mit 30 Abbildungen. 68,– DM

96 **Rechnersimulation des Beschichtungsprozesses beim Elektrotauchlackieren – Anwendung zum Berechnen des Umgriffs**
Von Otto Baumgärtner. ISBN 3-540-17102-9.
1986, 113 Seiten mit 42 Abbildungen. 68,– DM

97 **Ergonomische Gestaltung von Rotationsstellteilen für grob- und sensomotorische Tätigkeiten**
Von Werner F. Muntzinger. ISBN 3-540-17247-5.
1986, 135 Seiten mit 51 Abbildungen und 33 Tabellen. 68,– DM

98 **Die optische Rauheitsmessung in der Qualitätstechnik**
Von R.-J. Ahlers. ISBN 3-540-17242-4.
1986, 133 Seiten mit 56 Abbildungen und 2 Tabellen. 68,– DM

99 **Maschinelle Spracherkennung zur Verbesserung der Mensch-Maschine-Schnittstelle**
Von Gerhard Rigoll. ISBN 3-540-17350-1.
1986, 134 Seiten mit 55 Abbildungen. 68,– DM

100 **Konzeption und Auswahl modularer Magazinpaletten**
Von Thomas Zipse. ISBN 3-540-17584-9.
1987, 126 Seiten mit 54 Abbildungen. 68,– DM

101 **Anschlüsse an Kupferrohre – Herstellung und Automatisierungsmöglichkeit**
Von Eberhard Rauschnabel. ISBN 3-540-17807-4.
1987, 120 Seiten mit 88 Abbildungen. 68,– DM

102 **Mengen- und ablauforientierte Kapazitätsplanung von Montagesystemen**
Von Hans Sauer. ISBN 3-540-17815-5.
1987, 156 Seiten mit 64 Abbildungen. 68,– DM

103 **Verfahrensinstrumentarium zur Werkstückauswahl und Auslegung von Industrieroboterschweißsystemen**
Von Herbert Gzik. ISBN 3-540-17928-3.
1987, 138 Seiten mit 56 Abbildungen. 68,– DM

104 **Integration von Förder- und Handhabungseinrichtungen**
Von Joachim Schuler. ISBN 3-540-17955-0.
1987, 153 Seiten mit 61 Abbildungen. 68,– DM

105 **Produktionsmengen- und -terminplanung bei mehrstufiger Linienfertigung**
Von H. Kühnle. ISBN 3-540-18038-9.
1987, 124 Seiten mit 25 Abbildungen. 68,– DM

106 **Untersuchung des Plasmaschneidens zum Gußputzen mit Industrierobotern**
Von Jong-Oh Park. ISBN 3-540-18037-0.
1987, 142 Seiten mit 70 Abbildungen. 68,– DM

107 **Fügen von biegeschlaffen Steckkontakten mit Industrierobotern**
Von Daegab Gweon. ISBN 3-540-18134-2.
1987, 115 Seiten mit 13 Abbildungen. 68,– DM

108 **Entwicklung eines biomechanischen Modells des Hand-Arm-Systems**
Von Georgios Tsotsis. ISBN 3-540-18135-0.
1987, 163 Seiten mit 45 Abbildungen. 68,– DM

109 **Ein Beitrag zur Planungssystematik für die automatisierte flexible Blechteilefertigung**
Von Thomas Weber. ISBN 3-540-18136-9.
1987, 149 Seiten mit 56 Abbildungen. 68,– DM

110 **Entwicklung eines Meßverfahrens zur Bestimmung des Positionier- und Orientierungsverhaltens von Industrierobotern**
Von Günter Schiele. ISBN 3-540-18137-7.
1987, 116 Seiten mit 48 Abbildungen. 68,– DM

111 **Schwingungsbelastung beim Arbeiten mit handgeführten, einachsigen Motormähgeräten**
Von Peter Kern. ISBN 3-540-18193-8.
1987, 145 Seiten mit 43 Abbildungen und 5 Tabellen. 68,– DM

112 **Entwicklung eines berührungslosen Tastsystems für den Einsatz an Koordinatenmeßgeräten**
Von Hie-Sik Kim. ISBN 3-540-18578-X.
1987, 111 Seiten mit 62 Abbildungen und 4 Tabellen. 68,– DM

113 **Qualifizierung an Industrierobotern – Ziele, Inhalte und Methoden**
Von Volker Korndörfer. ISBN 3-540-18618-2.
1987, 318 Seiten mit 100 Abbildungen. 68,– DM

114 **Funktional und räumlich variables und modulares Laborgerätesystem**
Von Alfred Mack. ISBN 3-540-18786-3.
1988, 116 Seiten mit 39 Abbildungen. 73,– DM

115 **Produktrecycling im Maschinenbau**
Von Rolf Steinhilper. ISBN 3-540-18849-5.
1988, 167 Seiten mit 50 Abbildungen. 73,– DM

116 **Integration der montagegerechten Produktgestaltung in den Konstruktionsprozeß**
Von Rudolf Bäßler. ISBN 3-540-19058-9.
1988, 133 Seiten mit 49 Abbildungen. 73,– DM

117 **Ein Algorithmus zur kapazitätsorientierten Bildung von Losen**
Von Tilmann Greiner. ISBN 3-540-19300-6.
1988, 135 Seiten mit 37 Abbildungen. 73,– DM

118 **Kabelbaummontage mit Industrierobotern**
Von Gerd Schlaich. ISBN 3-540-19301-4.
1988, 131 Seiten mit 62 Abbildungen. 73,– DM

119 **Beitrag zur Verbesserung der Fertigungskostentransparenz bei Großserienfertigung mit Produktvielfalt**
Von Albrecht Köhler. ISBN 3-540-19393-6.
1988, 148 Seiten mit 72 Abbildungen. 73,– DM

120 **Entwicklungs- und Planungshilfen zum Aufbau von flexiblen Ordnungssystemen**
Von Rainer Schanz. ISBN 3-540-19394-4.
1988, 104 Seiten mit 48 Abbildungen. 73,– DM

121 **Bestücken von Leiterplatten mit Industrierobotern**
Von Ernst Wolf. ISBN 3-540-50013-8.
1988, 132 Seiten mit 63 Abbildungen. 73,– DM

122 **Verschleißvorgänge beim Querschneiden dünner Bahnen**
Von Thomas Hülsmann. ISBN 3-540-50049-9.
1988, 126 Seiten mit 47 Abbildungen und 5 Tabellen. 73,– DM

123 **Geometrieprüfung in der Fertigungsmeßtechnik mit bildverarbeitenden Systemen**
Von Claus P. Keferstein. ISBN 3-540-50050-2.
1988, 128 Seiten mit 53 Abbildungen. 73,– DM

124 **Modulares Simulationsmodell für die Abläufe in verketteten Fertigungszellen mit Industrierobotern**
Von Kum-Hoan Kuk. ISBN 3-540-50069-3.
1988, 130 Seiten mit 57 Abbildungen. 73,– DM

125 **Montage von Schläuchen mit Industrierobotern**
Von Bruno Frankenhauser. ISBN 3-540-50072-3.
1988, 139 Seiten mit 63 Abbildungen. 73,– DM

126 **Kommissioniersystem mit Roboter und Mehrstückgreifer**
Von Klaus Baumeister. ISBN 3-540-50133-9.
1988, 104 Seiten mit 53 Abbildungen. 73,– DM

127 **Sensorunterstütztes Programmierverfahren für das Entgraten mit Industrierobotern**
Von Dieter Boley. ISBN 3-540-50175-4.
1988, 128 Seiten mit 67 Abbildungen. 73,– DM

128 **Die Arbeitsraumgestaltung manueller Montagearbeitsplätze mit graphischen und wissensbasierten Methoden**
Von Klaus Lay. ISBN 3-540-50259-9.
1988, 129 Seiten mit 50 Abbildungen und 7 Tabellen. 73,– DM

129 **Automatisierung des Biegerichtens**
Von Stefan Thiel. ISBN 3-540-50432-X.
1988, 142 Seiten mit 57 Abbildungen und 5 Tabellen. 73,– DM

130 **Rechnergestützte Verfahren zur Auslegung der Mechanik von Industrierobotern**
Von Martin-Christoph Wanner. ISBN 3-540-50640-3.
1989, 202 Seiten mit 80 Abbildungen. 73,– DM

131 **Entwicklung eines bestandsorientierten Fertigungssteuerungssystems für die Großserienfertigung am Beispiel des Automobilbaus**
Von G. Hachtel. ISBN 3-540-50639-X.
1989, 163 Seiten mit 34 Abbildungen und 6 Tabellen. 73,– DM

132 **Ergonomische Gestaltung der Benutzerschnittstelle am Antriebssystem des Greifreifenrollstuhls**
Von Ludwig Traut. ISBN 3-540-50877-5.
1989, 210 Seiten mit 127 Abbildungen. 73,– DM

133 **Planung taktzeitoptimierter flexibler Montagestationen**
Von Joachim Schöninger. ISBN 3-540-50896-1.
1989, 122 Seiten mit 47 Abbildungen. 73,– DM

134 **Ein Modell für ein integriertes Qualitäts- und Prüfplanungssystem in der Montage**
Von Josef R. Kring. ISBN 3-540-51195-4.
1989, 140 Seiten mit 60 Abbildungen. 73,– DM

135 **Fertigungsstrukturierung auf der Basis von Teilefamilien**
Von Manfred Auch. ISBN 3-540-51290-X.
1989, 138 Seiten mit 34 Abbildungen. 73,– DM

136 **Kollisionsbehandlung als Grundbaustein eines modularen Industrieroboter-Off-line-Programmiersystems**
Von Andreas Altenhein. ISBN 3-540-51418-X.
1989, 129 Seiten mit 53 Abbildungen. 73,– DM

137 **Ein Beitrag zur Planung und Bewertung Neuer Arbeitsstrukturen in NE-Metallgießereien Dargestellt am Beispiel der Fertigungsinsel**
Von Horst Nespeta. ISBN 3-540-51419-8.
1989, 157 Seiten mit 58 Abbildungen. 73,– DM

138 **Verfahren zur Prüfung der Partikelkontamination in Versorgungssystemen für hochreine Flüssigkeiten**
Von Rolf Herz. ISBN 3-540-51457-0.
1989, 123 Seiten mit 61 Abbildungen. 73,– DM

139 **Messung gekrümmter Flächen mit berührungslosen Verfahren**
Von Leo Schreiber. ISBN 3-540-51493-7.
1989, 119 Seiten mit 72 Abbildungen. 73,– DM

140 **Automatisiertes Lackieren mit steuerbaren Spritzpistolen**
Von Konrad A. Ortlieb. ISBN 3-540-51518-6.
1989, 121 Seiten mit 45 Abbildungen. 73,– DM

141 **Grundlagen zur Entwicklung reinraumtauglicher Handhabungssysteme**
Von Jürgen Geißinger. ISBN 3-540-51959-9.
1989, 124 Seiten mit 82 Abbildungen. 73,– DM

142 **CAD-Video-Somatographie**
Entwicklung und Bewertung einer Methode zur anthropometrischen Arbeitsgestaltung
Von Dieter Lorenz. ISBN 3-540-52163-1.
1989, 169 Seiten mit 61 Abbildungen. 73,– DM

143 **Eine Systemarchitektur für die Gestaltung und das Management verteilter Informationssysteme**
Von Andreas J. Ness. ISBN 3-540-52224-7.
1990, 203 Seiten mit 62 Abbildungen. 78,– DM

144 **Untersuchungen über den optisch-physiologischen Eindruck der Oberflächenstruktur von Lackfilmen**
Von Horst Schene. ISBN 3-540-52226-3.
1990, 149 Seiten mit 106 Abbildungen. 78,– DM

145 **Planungsmethodik für ein Qualitätskostensystem**
Von Alfred Rauba. ISBN 3-540-52477-0.
1990, 166 Seiten mit 73 Abbildungen. 78,– DM

146 **Kleinserienbestückung von Leiterplatten mit bedrahteten Bauelementen durch Industrieroboter**
Von Martin Domm. ISBN 3-540-52867-9.
1990, 106 Seiten mit 48 Abbildungen. 78,– DM

147 **Sensor- und Steuerungssystem für die leitlinienlose Führung automatischer Flurförderzeuge**
Von Gerhard Drunk. ISBN 3-540-53033-9.
1990, 135 Seiten mit 52 Abbildungen. 78,– DM

148 **Ein System zur wissensbasierten Diagnose an CNC-Werkzeugmaschinen durch den Maschinenbediener**
Von Klaus-Peter Fähnrich. ISBN 3-540-53034-7.
1990, 132 Seiten mit 48 Abbildungen und 18 Tabellen. 78,– DM

149 **Werkstückbegleitender Informationsspeicher als Basis für ein informationstechnisches Konzept für Halbleiterfertigungen**
Von Klaus-Dieter Sauter. ISBN 3-540-53236-6.
1990, 115 Seiten mit 55 Abbildungen. 78,– DM

150 **Ein Planungsverfahren zur Erkennung und Bewältigung von Material- und Kapazitätsengpässen bei mehrstufiger Linienfertigung**
Von Ralf-Michael Fuchs. ISBN 3-540-53271-4.
1990, 176 Seiten mit 65 Abbildungen. 78,– DM

151 **Montage von Schrauben mit Industrierobotern**
Von Gernot E. Fischer. ISBN 3-540-53519-5.
1990, 97 Seiten mit 37 Abbildungen. 78,– DM

152 **Flächenorientierte Termin- und Kapazitätsplanung bei innerbetrieblicher Baustellenfertigung**
Von Rolf Schlauch. ISBN 3-540-53584-5.
1990, 130 Seiten mit 53 Abbildungen. 78,– DM

153 **Wissensbasierte Entscheidungsunterstützung bei der Auswahl von Industrierobotern**
Von Günter Jordan. ISBN 3-540-53744-9.
1991, 116 Seiten mit 49 Abbildungen. 78,– DM

154 **Simulationssystem für Fertigungsprozesse mit Stückgutcharakter**
Ein gegenstandsorientiertes System mit parametrisierter Netzwerkmodellierung
Von Bernd-Dietmar Becker. ISBN 3-540-53847-X.
1991, 162 Seiten mit 48 Abbildungen und 47 Tabellen. 78,– DM

155 **Algorithmen der Sprachverarbeitung zur Entwicklung eines vollsynthetischen Sprachausgabesystems**
Von Gerhard Rigoll. ISBN 3-540-53870-4.
1991, 321 Seiten mit 235 Abbildungen. 78,– DM

156 **Wissensbasierte CAD-Systemkomponente zum Entwurf montagegerechter Produkte**
Von Ralph Richter. ISBN 3-540-54725-8.
1991, 137 Seiten mit 56 Abbildungen. 78,– DM

157 **Heftschweißverfahren für das Lagefixieren von Werkstücken beim Schutzgasschweißen mit Industrierobotern**
Von Carsten Martin Claussen. ISBN 3-540-54951-X.
1991, 140 Seiten mit 43 Abbildungen. 78,– DM

158 **Ein Beitrag zur Meßdatenverarbeitung in der Koordinatenmeßtechnik**
Von Thomas Garbrecht. ISBN 3-540-55030-5.
1991, 135 Seiten mit 94 Abbildungen und 5 Tabellen. 78,– DM

159 **Ein Beitrag zur Planung und Optimierung der Verfahrensteilung in der Fertigung**
Von Hans-Peter Roth. ISBN 3-540-55113-1.
1992, 130 Seiten mit 50 Abbildungen. 78,– DM

160 **Flexible Montage von Leitungssätzen mit Industrierobotern**
Von Herbert H. Emmerich ISBN 3-540-55227-8.
1992, 135 Seiten mit 70 Abbildungen. 88,– DM

161 **Toleranzausgleichssysteme für Industrieroboter am Beispiel des feinwerktechnischen Bolzen-Loch-Problems**
Von Uwe Schweigert ISBN 3-540-55228-6.
1992, 119 Seiten mit 61 Abbildungen. 88,– DM

162 **Entwicklung eines interaktiven Simulators auf der Basis von Petri-Netzen zur Modellierung und Bewertung hybrider Montagestrukturen**
Von W. Schweizer ISBN 3-540-55229-4.
1992, 159 Seiten mit 76 Abbildungen. 88,– DM

163 **Entwicklung eines Verfahrens zur rechnerunterstützten Gestaltung verteilter Informationssysteme**
Von Friedemann Reim ISBN 3-540-55269-3.
1992, 151 Seiten mit 43 Abbildungen. 88,– DM

164 **EDV-gestützte Planungs- und Entscheidungshilfen zur Auslegung von Produktionsstrukturen mit strukturkostenoptimierten Dezentralen Verantwortungsbereichen**
Von Ulrich Hallwachs ISBN 3-540-55477-7.
1992, 186 Seiten mit 66 Abbildungen. 88,– DM

165 **Strömungstechnische Auslegung reinraumtauglicher Fertigungseinrichtungen**
Von Elmar Degenhart ISBN 3-540-55478-5.
1992, 137 Seiten mit 72 Abbildungen. 88,– DM

166 **Synthese und Simulation dreidimensionaler Hand-Arm-Bewegungen an manuellen Montagearbeitsplätzen**
Von Raimund Menges ISBN 3-540-55752-0.
1992, 215 Seiten mit 70 Abbildungen. 88,– DM

167 **Bewertung inhomogener fraktaler Strukturen und Skalenanalyse von Texturen**
Von Uwe Müssigmann ISBN 3-540-55796-2.
1992, 99 Seiten mit 43 Abbildungen. 88,– DM

168 **Ein Informationssystem für Instandhaltungsleitstellen**
Von Wilfried Sihn ISBN 3-540-55853-5.
1992, 167 Seiten mit 67 Abbildungen. 88,– DM

169 **Verfahren zum automatischen Palettieren von quaderförmigen Packstücken im beliebigen Sortenmix**
Von Walter Michael Strommer ISBN 3-540-55922-1.
1992, 105 Seiten mit 47 Abbildungen. 88,– DM

170 **Planung der Kinematik von Industrierobotersystemen zum Schutzgasschweißen im Schiffbau**
Von Wolfgang Utner ISBN 3-540-55923-X.
1992, 134 Seiten mit 31 Abbildungen und 3 Tabellen. 88,– DM

171 **Montage von Pressverbindungen mit Industrierobotern**
Von Günther Würtz ISBN 3-540-56300-8.
1992, 124 Seiten mit 55 Abbildungen. 88,– DM

172 **Rationalisierungspotential der montagegerechten Produktgestaltung bei der Montage mit Industrierobotern**
Von Thomas Schmaus ISBN 3-540-56400-4.
1992, 122 Seiten mit 55 Abbildungen. 88,– DM

173 **Erhöhung der Variantenflexibilität in Mehrmodell-Montagesystemen durch ein Verfahren zur Leistungsabstimmung**
Von Felix Fremerey ISBN 3-540-56549-3.
1993, 150 Seiten mit 38 Abbildungen und 6 Tabellen. 88,– DM

174 **Automatische Montage von O-Ringen**
Von Johannes F. Wößner ISBN 3-540-56657-0.
1993, 94 Seiten mit 43 Abbildungen. 88,– DM

175 **Systeme kombinierter multimodaler Mensch-Rechner-Interaktionen**
Von Karl-Heinz Hanne ISBN 3-540-56687-2.
1993, 131 Seiten mit 46 Abbildungen. 88,– DM

176 **Regelbasiertes Verfahren zur Montageablaufplanung in der Serienfertigung**
Von Klaus Thaler ISBN 3-540-56829-8.
1993, 132 Seiten mit 63 Abbildungen. 88,– DM

177 **Rechnergestütztes Bediensystem für einen Telemanipulator zur Sanierung von gemauerten Abwasserkanälen**
Von Kurt Alexander Schließmann ISBN 3-540-56875-1.
1993, 135 Seiten mit 57 Abbildungen und 7 Tabellen. 88,– DM

178 **Konturantastende und optoelektronische Koordinatenmeßgeräte für den industriellen Einsatz**
Von Wolfgang Rauh ISBN 3-540-56876-X.
1993, 124 Seiten mit 43 Abbildungen. 88,– DM

179 **Konzeption für ein Sensor- und Steuerungssystem zur automatischen Führung eines Walzenschrämladers entlang der Grenzlinie von Kohle und Nebengestein**
Von Stephan Matthias Forster ISBN 3-540-57159-0.
1993, 147 Seiten mit 63 Abbildungen. 88,– DM

180 **Ein dreidimensionales Bildverarbeitungssystem für die Automatisierung visueller Prüfvorgänge**
Von Jianzhong Lu ISBN 3-540-57160-4.
1993, 113 Seiten mit 45 Abbildungen und 2 Tabellen. 88,– DM

181 **Erschließung technischer und organisatorischer Potentiale durch die Komplettbearbeitung auf Drehmaschinen mit Hilfe der Teileanalyse**
Von Helmut Schaal ISBN 3-540-57212-0.
1993, 126 Seiten mit 42 Abbildungen und 2 Tabellen. 88,– DM

182 **Prüfverfahren zur Untersuchung der Partikelreinheit technischer Oberflächen**
Von Bernhard Klumpp ISBN 3-540-57302-X.
1993, 108 Seiten mit 50 Abbildungen. 88,– DM

183 **Automatisierung der Justage von Drehankerrelais**
Von G. Krüll ISBN 3-540-57303-8.
1993, 113 Seiten mit 59 Abbildungen. 88,– DM

184 **Prozeßstrukturen der chemischen Vernickelung**
Von Hans Gut ISBN 3-540-57304-6.
1993, 108 Seiten mit 37 Abbildungen und 5 Tabellen. 88,– DM

185 **Ein Verfahren zur Konstruktion anwendungoptimierter Ultraschallsensoren auf der Basis von Schallkanälen**
Von Achim Langen ISBN 3-540-57376-3.
1993, 140 Seiten mit 72 Abbildungen. 88,– DM

186 **Ein rechnerunterstütztes System für die technische Dokumentation und Übersetzung**
Von Renate Mayer ISBN 3-540-57409-3.
1993, 126 Seiten mit 59 Abbildungen. 88,– DM

187 **Theoretische und experimentelle Untersuchungen an dreidimensionalen Wirbelströmungen für industrielle Absauganlagen**
Von Wolf-Jürgen Denner ISBN 3-540-57410-7.
1993, 141 Seiten mit 78 Abbildungen und 10 Tabellen. 88,– DM

188 **Planungsmethodik für den Aufbau von Qualitätssicherungssystemen in kleinen und mittleren Produktionsunternehmen**
Von Rainer Hummel ISBN 3-540-57727-0.
1993, 221 Seiten mit 114 Abbildungen und 6 Tabellen. 88,– DM

189 **Plasmamodifikation von Kunststoffoberflächen zur Haftfestigkeitssteigerung von Metallschichten**
Von Dieter Andreas Mann ISBN 3-540-57745-9.
1994, 133 Seiten mit 83 Abbildungen und 6 Tabellen. 88,– DM

190 **Softwareentwicklung für speicherprogrammierbare Steuerungen im integrierten, rechnergestützten Konstruktionsprozeß**
Von Kornelius Hengel ISBN 3-540-57765-3.
1994, 133 Seiten mit 48 Abbildungen. 88,– DM

191 **Vorrichtungssysteme für die flexibel automatisierte Montage**
Von Armin Willy ISBN 3-540-57784-X.
1994, 121 Seiten mit 60 Abbildungen. 88,– DM

192 **Wissensbasiertes Selbstheilungs- und Diagnosesystem für CNC-Koordinatenmeßgeräte**
Von Wilhelm Steger ISBN 3-540-57829-3.
1994, 147 Seiten mit 79 Abbildungen. 88,– DM

193 **Modell für ein rechnerunterstütztes Qualitätssicherungssystem gemäß DIN ISO 9000 ff.**
Von Ulrich Lübbe ISBN 3-540-57831-5.
1994, 152 Seiten mit 59 Abbildungen. 88,– DM

194 **Vorgehenssystematik zum Prototyping graphisch-interaktiver Audio/Video-Schnittstellen**
Von Claus Görner ISBN 3-540-57886-2.
1994, 181 Seiten mit 66 Abbildungen. 88,– DM

195 **Bewertung von Rechnerinvestitionen durch den Vergleich von Wertschöpfungsketten**
Von Christian F. Mayer ISBN 3-540-57969-9.
1994, 144 Seiten mit 45 Abbildungen und 24 Tabellen. 88,– DM

196 **Ein Verfahren zur kostenorientierten Produktionsprogramm- und Kapazitätsplanung bei losweiser Montage**
Von J. Kurz ISBN 3-540-57971-0.
1994, 124 Seiten mit 26 Abbildungen und 3 Tabellen. 88,– DM

197 **Direktmontage von Leitungen mit Industrierobotern**
Von Stefan Koller ISBN 3-540-58224-X.
1994, 105 Seiten mit 52 Abbildungen. 88,– DM

198 **Eine objektorientierte Architektur für Leitstände zur Feinplanung**
Von Thomas Otterbein ISBN 3-540-58273-8.
1994, 183 Seiten mit 90 Abbildungen. 88,– DM

199 **Erhöhung der Fertigungssicherheit und -qualität beim Hochdruckwasserstrahlen durch den Einsatz von Sensoren**
Von Michael Knaupp ISBN 3-540-58440-4.
1994, 117 Seiten mit 101 Abbildungen. 88,– DM

200 **Verfahren zur Bewertung von Auftrags-Durchlaufzeiten in den indirekt-produktiven Bereichen von Maschinenbau-Unternehmen**
Von Robert Müller ISBN 3-540-58478-1.
1994, 152 Seiten mit 32 Abbildungen. 88,– DM

201 **Verfahrensprüfstand für das Bearbeiten mit Industrierobotern**
Von Peter Schlaich ISBN 3-540-58510-9.
1994, 114 Seiten mit 60 Abbildungen. 88,– DM

202 **Entwicklung und Optimierung von Prozeßkomponenten zur ionenunterstützten Abscheidung bei PVD-Verfahren**
Von Walter Olbrich ISBN 3-540-58511-7.
1994, 126 Seiten mit 62 Abbildungen und 7 Tabellen. 88,– DM

203 **Verfahren der Konturanalyse zur Automatisierung visueller Prüfvorgänge**
Von Knut Kille ISBN 3-540-58513-3.
1994, 105 Seiten mit 50 Abbildungen und 15 Tabellen. 88,– DM

204 **Verfahren zur Verbesserung der Ausfallsicherheit verteilter Informationssysteme**
Von Helmut Meitner ISBN 3-540-58623-7.
1995, 196 Seiten mit 54 Abbildungen und 13 Tabellen. 88,– DM

205 **Ein unscharfes Planungsverfahren zur mittelfristigen Personalkapazitätsanpassung für die bedarfsorientierte Serienproduktion**
Von Hans-Jürgen Braun ISBN 3-540-58819-1.
1995, 164 Seiten mit 40 Abbildungen und 10 Tabellen. 88,– DM

206 **Rechnergestützte Auslegungsverfahren für Großmanipulatoren mit Gelenkarmkinematik**
Von Werner Engeln ISBN 3-540-58871-X.
1995, 135 Seiten mit 52 Abbildungen und 18 Tabellen. 88,– DM

207 **Montagestrukturplanung für variantenreiche Serienprodukte**
Von Ulrich Zeile ISBN 3-540-58937-6.
1995, 122 Seiten mit 65 Abbildungen. 88,– DM

208 **Entwicklung eines objektorientierten Informationssystems zur optimierten Werkstoffauswahl**
Von Dietmar R. Fischer ISBN 3-540-58938-4.
1995, 193 Seiten mit 37 Abbildungen und 14 Tabellen. 88,– DM

209 **Entwicklung einer flexibel automatisierten Nähanlage**
Von Oliver Krockenberger ISBN 3-540-58939-2.
1995, 122 Seiten mit 75 Abbildungen. 88,– DM

210 **Ultraschallbahnschweißen von Kunststoffteilen mit Industrierobotern**
Von Thomas Wagner ISBN 3-540-58940-6.
1995, 93 Seiten mit 37 Abbildungen. 88,– DM

211 **Flexibel automatisierte Montage hochpoliger Rundkabel**
Von Ralf Cramer ISBN 3-540-58979-1.
1995, 116 Seiten mit 59 Abbildungen. 88,– DM

212 **Automatische Reparatur elektronischer Baugruppen**
Von Thomas Leicht ISBN 3-540-59015-3.
1995, 99 Seiten mit 46 Abbildungen. 88,– DM

213 **Montage von Schlauchschellen mit Industrierobotern**
Von Herbert Dreher ISBN 3-540-59035-8.
1995, 103 Seiten mit 63 Abbildungen. 88,– DM

214 **Arbeitsprogrammgenerierung zum Schutzgasschweißen mit Industrierobotersystemen im Schiffbau**
Von Peter Schmid ISBN 3-540-59058-7.
1995, 131 Seiten mit 42 Abbildungen. 88,– DM

215 **Flexible Demontage mit dem Industrieroboter am Beispiel von Fernsprech-Endgeräten**
Von Martin Kahmeyer ISBN 3-540-59390-X.
1995, 99 Seiten mit 52 Abbildungen. 88,– DM

216 **Der logisch-pragmatische Gebrauch von Konditionalsätzen. Eine dialog-logische Analyse**
Von Antonius Jacobus Maria van Hoof ISBN 3-540-59463-9.
1995, 146 Seiten mit 65 Abbildungen. 88,– DM

217 **Arbeits- und organisationspsychologische Interventionen bei der Einführung von Gruppenarbeit in dezentral ausgerichteten Fertigungsinseln**
Von Manfred Schlund ISBN 3-540-60012-4.
1995, 426 Seiten mit 24 Abbildungen und 29 Tabellen. 88,– DM

218 **Herstellung geformter Schläuche mit Formdornen aus Formgedächtnislegierung**
Von Thomas Weisener ISBN 3-540-60019-1.
1995, 88 Seiten mit 48 Abbildungen. 88,– DM

219 **Benutzerwerkzeuge an Fertigungssteuerungs-Leitständen**
Von Manfred Kroneberg ISBN 3-540-60096-5.
1995, 154 Seiten mit 84 Abbildungen. 88,– DM

220 **Werkstattsteuerung mit genetischen Algorithmen und simulativer Bewertung**
Von Jörg Schulte ISBN 3-540-60281-X.
1995, 163 Seiten mit 55 Abbildungen und 7 Tabellen. 88,– DM

221 **Ein Verfahren zur automatischen Generierung von softwareergonomisch gestalteten Benutzungsoberflächen**
Von Anette Weisbecker ISBN 3-540-60242-9.
1995, 140 Seiten mit 38 Abbildungen und 48 Tabellen. 88,– DM

222 **Verfahren zur Reduzierung der Hand-Arm-Schwingungsbelastung an Trennschleifern**
Von Rainer Eckert ISBN 3-540-60282-8.
1995, 187 Seiten mit 80 Abbildungen und 23 Tabellen. 88,– DM

223 **Individualisierbare heuristische Einplanung für rechnerbasierte Leitstände**
Von Andreas Huthmann ISBN 3-540-60424-3.
1995, 137 Seiten mit 74 Abbildungen. 88,– DM

224 **Recycling von Wasserlackoverspray durch Elektrophorese**
Von Klaus Berewinkel ISBN 3-540-60519-3.
1996, 177 Seiten mit 75 Abbildungen. 88,– DM

225 **Wissensbasierte Programmierung von Industrierobotern zum Schutzgasschweißen im Stahlhochbau**
Von Christoph Hartfuss ISBN 3-540-60661-0.
1996, 123 Seiten mit 48 Abbildungen. 88,– DM

226 **Verfahren zur Gestaltung rechnergestützter Büroprozesse**
Von Michael Rathgeb ISBN 3-540-60660-2.
1996, 278 Seiten mit 69 Abbildungen. 88,– DM

227 **Dialogentwicklung für objektorientierte, graphische Benutzungsschnittstellen**
Von Christian Janssen ISBN 3-540-60719-6.
1996, 154 Seiten mit 70 Abbildungen und 4 Tabellen. 88,– DM

228 **Bewertung und Verbesserung der fertigungsgerechten Gestaltung von Blechwerkstücken**
Von Ulrich Abele ISBN 3-540-61019-7.
1996, 184 Seiten mit 72 Abbildungen. 88,– DM

229 **Merkmalsbasierte Definition von Freiformgeometrien auf der Basis räumlicher Punktwolken**
Von Sabine Roth-Koch ISBN 3-540-61020-0.
1996, 145 Seiten mit 68 Abbildungen. 88,– DM

230 **Fokussierung im Dialog: Aspekte der Fokusintonation im Deutschen**
Von Joachim Machate ISBN 3-540-61165-7.
1996, 155 Seiten mit 22 Abbildungen und 22 Tabellen. 88,– DM

231 **Qualitätsgerechte Auslegung flexibler Produktionssysteme mit Hilfe von Simulation**
Von Egbert Englert ISBN 3-540-61277-7.
1996, 126 Seiten mit 60 Abbildungen. 88,– DM

232 **Projektierungsverfahren für technische Software dargestellt an wissensbasierten Systemen**
Von Eberhard Kurz ISBN 3-540-61426-5.
1996, 129 Seiten mit 57 Abbildungen. 88,– DM

233 **Typologie zur systematischen Gestaltung der Arbeitsorganisation für Flexible Fertigungssysteme**
Von Sabine Stephan ISBN 3-540-61465-6.
1996, 186 Seiten mit 39 Abbildungen und 63 Tabellen. 88,– DM

234 **Entwicklung eines Werkzeuges zum Störungsmanagement in der Produktionsregelung**
Von Rainer Bamberger ISBN 3-540-61515-6.
1996, 157 Seiten mit 92 Abbildungen. 88,– DM

235 **Ein Verfahren zur automatischen Generierung von Steuerprogrammen für Roboterfahrzeuge**
Von Joachim Müllerschön ISBN 3-540-61514-8.
1996, 140 Seiten mit 79 Abbildungen. 88,– DM

236 **Automatische Kalibrierung der koppelnden Ortung mobiler Plattformen**
Von Achim Merklinger ISBN 3-540-61632-2.
1996, 106 Seiten mit 36 Abbildungen und 25 Tabellen. 88,– DM

237 **Händigkeitsgerechte Gestaltung der Mensch-Maschine-Schnittstelle**
Von Martin Schmauder ISBN 3-540-61657-8.
1996, 141 Seiten mit 44 Abbildungen und 9 Tabellen. 88,– DM

238 **Ein simulationsgestütztes Verfahren zur Wirtschaftlichkeitsbestimmung von Fertigungsprozessen mit Stückgutcharakter**
Von Erhard Vollmer ISBN 3-540-62408-2.
1996, 111 Seiten mit 10 Abbildungen und 22 Tabellen. 88,– DM

239 **Ein Verfahren zur reportbasierten Diagnose von technischen Maschinenstörungen in der Instandhaltung**
Von Walter Wincheringer ISBN 3-540-62410-4.
1996, 169 Seiten mit 61 Abbildungen. 88,– DM

240 **Eine Vorgehensweise zum objektorientierten Entwurf graphisch-interaktiver Informationssysteme**
Von Jürgen Ziegler ISBN 3-540-62547-X.
1997, 146 Seiten mit 36 Abbildungen und 20 Tabellen. 88,– DM

241 **Zur Fehlerkompensation und Bahnkorrektur für eine mobile Großmanipulator-Anwendung**
Von Klaus Dieter Rupp ISBN 3-540-62625-5.
1997, 140 Seiten mit 48 Abbildungen und 17 Tabellen. 88,– DM

242 **Entwicklung eines QFD-gestützten Verfahrens zur Produktplanung und -entwicklung für kleine und mittlere Unternehmen**
Von Jürgen Hoffmann ISBN 3-540-62638-7.
1997, 158 Seiten mit 89 Abbildungen. 88,– DM

243 **Ein Verfahren zur flexiblen Fertigungsführung eines Fertigungssystems für Kleinserien mit unterschiedlich autonomen Arbeitsstationen**
Von Rainer Kämpf ISBN 3-540-62653-0.
1997, 174 Seiten mit 68 Abbildungen. 88,– DM

244 **Flexibel automatisiertes Taumelnieten**
Von Wolf-Dietrich Schneider ISBN 3-540-62654-9.
1997, 88 Seiten mit 43 Abbildungen. 88,– DM

245 **Verfahren zur Erkennung unfallträchtiger Verkantungsfälle bei handgeführten Trennschleifern**
Von Christoph Bolay ISBN 3-540-62767-7.
1997, 170 Seiten mit 71 Abbildungen. 88,– DM

246 **Rechnergestütztes Sourcingsystem für spanende Fertigungskapazitäten klein- und mittelständischer Unternehmen**
Von Jürgen Funk ISBN 3-540-62815-0.
1997, 106 Seiten mit 63 Abbildungen. 88,– DM

247 **Bahnlöten von Blechgehäusen mit Industrierobotern**
Von Manfred Gaul ISBN 3-540-63064-3.
1997, 114 Seiten mit 52 Abbildungen. 88,– DM

248 **Ein Verfahren zur Optimierung der Kraftwerksrevisionsplanung und -durchführung**
Von Siegfried Stender ISBN 3-540-63168-2.
1997, 160 Seiten mit 36 Abbildungen. 88,– DM

249 **Ein Verfahren zur Analyse von Problemen der Ressourcenabstimmung auf Basis synergetischer Mustererkennung**
Von Stefan König ISBN 3-540-63226-3.
1997, 136 Seiten mit 43 Abbildungen. 88,– DM

250 **Ein objektorientiertes Modell zur Abbildung von Produktionsverbünden in Planungssystemen**
Von Hans-Peter Laubscher ISBN 3-540-63295-6.
1997, 158 Seiten mit 98 Abbildungen. 88,– DM

251 **Regelmechanismen für die Formsicherung im Automobilbau**
Von Franz Eberle ISBN 3-540-63325-1.
1997, 122 Seiten mit 53 Abbildungen und 22 Tabellen. 88,– DM

252 **Entwicklung von Datenmodellen für ein objektorientiertes Engineering Data Management System zur Unterstützung von teamorientierten Organisationsformen**
Von Frank Marcial ISBN 3-540-63340-5.
1997, 216 Seiten mit 76 Abbildungen und 26 Tabellen. 88,– DM

253 **Verfahren zur Konzeption automatischer reinraumtauglicher Fertigungsanlagen und -zellen**
Von Ralf Kaun ISBN 3-540-63447-9.
1997, 160 Seiten mit 88 Abbildungen. 88,– DM

254 **Ein Planungsverfahren zur Kapazitätsabstimmung für Modell-Mix-Montagelinien am Beispiel einer Automobil-Endmontage**
Von Norbert Leopold ISBN 3-540-63520-3.
1997, 130 Seiten mit 35 Abbildungen. 88,– DM

255 **Fertigung von Mischlosen in der Mikroelektronik auf der Basis eines Verfahrens zur Verfolgung von Einzelscheiben**
Von Olaf Herzog ISBN 3-540-63563-7.
1997, 124 Seiten mit 59 Abbildungen. 88,– DM

256 **Einsatz neuer Mensch-Maschine-Schnittstellen für Robotersimulation und -programmierung**
Von Jens-Günter Neugebauer ISBN 3-540-63568-8.
1997, 110 Seiten mit 48 Abbildungen. 88,– DM

257 **Entwicklung eines Systems zur virtuellen ergonomischen Arbeitsgestaltung**
Von Wilhelm H. Bauer ISBN 3-540-63707-9.
1997, 160 Seiten mit 77 Abbildungen und 13 Tabellen. 88,– DM

258 **Controlling eines projektorientierten Prozeßmanagements am Beispiel des Anlagenbaus**
Von Thomas Jörg Staiger ISBN 3-540-64082-7.
1998, 214 Seiten mit 106 Abbildungen und 11 Tabellen. 88,– DM

259 **Flexible Formprüfung umgeformter Blechteile**
Von Berend Oberdorfer ISBN 3-540-64121-1.
1998, 148 Seiten mit 69 Abbildungen. 88,– DM

260 **Effiziente Produktplanung mit Quality Function Deployment**
Von Christoph Mai ISBN 3-540-64145-9.
1998, 124 Seiten mit 57 Abbildungen. 88,– DM

261 **Einsatz der digitalen Grautonbildverarbeitung als ein Meßprinzip in der Lackiertechnik**
Von Sabine Renate Plischki ISBN 3-540-64270-6.
1998, 136 Seiten mit 67 Abbildungen und 9 Tabellen. 88,– DM

262 **Dynamische Zielfindung für das Total Quality Management**
Von Andreas Robeck ISBN 3-540-64271-4.
1998, 132 Seiten mit 61 Abbildungen. 88,– DM

263 **Methoden zur Planung zeit- und kostenoptimaler Produktion und Lagerhaltung**
Anwendung der Theorie optimaler Prozesse
Von Joachim Warschat ISBN 3-540-64272-2.
1998, 252 Seiten mit 61 Abbildungen. 88,– DM

264 **3D-Echtzeit-Rendering unter Berücksichtigung der Anatomie und Physiologie des menschlichen Auges**
Von Oliver H. Riedel ISBN 3-540-64273-0.
1998, 192 Seiten mit 54 Abbildungen und 26 Tabellen. 88,– DM

265 **Optische in situ Meßtechniken bei der Entwicklung und Anwendung von plasmaunterstützten Oberflächentechniken für räumlich ausgedehnte und komplexe Geometrien**
Von Peter Stratil ISBN 3-540-64400-8.
1998, 148 Seiten mit 96 Abbildungen und 14 Tabellen. 88,– DM

266 **Mit Industrierobotern flexibel automatisierte Montage von Türabdichtungen für Kraftfahrzeuge**
Von Gerald Vögele ISBN 3-540-64512-8.
1998, 92 Seiten mit 50 Abbildungen. 88,– DM

267 **Verfahren zur Gestaltung von Dienstleistungsunternehmen in einem Konfigurationsansatz**
Von Alexander W. Roos ISBN 3-540-64566-7.
1998, 260 Seiten mit 93 Abbildungen. 88,– DM

268 **Die Kombination von Plasmanitrierung und plasmagestützter Schichtabscheidung aus der Gasphase (PACVD) in einem Verfahrensablauf**
Von Oliver Morlok ISBN 3-540-64567-5.
1998, 134 Seiten mit 55 Abbildungen und 10 Tabellen. 88,– DM

269 **Verfahren zur Generierung und Gestaltung von Montageablaufstrukturen komplexer Serienerzeugnisse**
Von Uwe A. Seidel ISBN 3-540-64687-6.
1998, 142 Seiten mit 49 Abbildungen. 88,– DM

270 **Flexibel automatisierte Montage von Holzdübeln mit Industrierobotern**
Von Thomas Hörz ISBN 3-540-64788-0.
1998, 122 Seiten mit 61 Abbildungen. 88,– DM

271 **Flexibel automatisierte Demontage von Fahrzeugdächern**
Von Reinhard Rupprecht ISBN 3-540-64969-7.
1998, 108 Seiten mit 46 Abbildungen und 2 Tabellen. 88,– DM

272 **Berechnung charakteristischer Spritzbild- und Qualitätsmerkmale beim Lackieren - Einsatz neuronaler Netze -**
Von Pavel Svejda ISBN 3-540-65038-5.
1998, 152 Seiten mit 62 Abbildungen und 29 Tabellen. 88,– DM

273 **Entwicklung eines Systems zur interaktiven Gestaltung und Auswertung von manuellen Montagetätigkeiten in der virtuellen Realität**
Von Rainer Heger ISBN 3-540-65039-3.
1998, 158 Seiten mit 64 Abbildungen und 6 Tabellen. 88,– DM

274 **Ein Verfahren zur integrierten, prozeßbegleitenden Vorkalkulation für die kostengerechte Konstruktion**
Von Joachim Th. Frech ISBN 3-540-65050-4.
1998, 154 Seiten mit 64 Abbildungen und 23 Tabellen. 88,– DM

275 **Grundlagenuntersuchungen und Weiterentwicklung der automatischen Farbwechseltechnik für Wasserlacke**
Von Hans-Jürgen Nolte ISBN 3-540-65146-2.
1998, 128 Seiten mit 70 Abbildungen und 10 Tabellen. 88,– DM

276 **Formleitlinien für die Flächenrückführung - Extraktion von Kanten und Radiusauslauflinien aus unstrukturierten 3D-Meßpunktmengen**
Von Ralph Peter Knorpp ISBN 3-540-65161-6.
1998, 134 Seiten mit 57 Abbildungen und 5 Tabellen. 88,– DM

277 **Erfassen und Verarbeiten komplexer Geometrie in Meßtechnik und Flächenrückführung**
Von Thomas Haller ISBN 3-540-65147-0.
1998, 175 Seiten mit 50 Abbildungen und 10 Tabellen. 88,– DM

278 **Reaktive Abscheidung von Metalloxiden auf Polycarbonat zur Erzeugung transparenter Verschleißschutzschichten**
Von Patrick Markschläger ISBN 3-540-65502-6.
1998, 164 Seiten mit 85 Abbildungen und 13 Tabellen. 88,– DM

279 **Adaptive Personaleinsatzsteuerung in homogenen Arbeitsgruppen bei sequentieller Auftragsstruktur**
Von Manfred Hüser ISBN 3-540-65505-0.
1998, 144 Seiten mit 53 Abbildungen. 88,– DM

280 **Meßeinrichtung zur direkten Unterscheidung von luftgetragenen biotischen und abiotischen Partikeln**
Von Rüdiger Kölblin ISBN 3-540-65526-3.
1999, 104 Seiten mit 57 Abbildungen. 88,– DM

281 **Untersuchungen von Reinheitssystemen zur Herstellung von Halbleiterprodukten**
Von Jochen Schließer ISBN 3-540-65560-3.
1999, 124 Seiten mit 64 Abbildungen. 88,– DM

282 **Prüfverfahren zur Untersuchung der Partikelkontamination von Reinstgasversorgungskomponenten**
Von Johann Dorner ISBN 3-540-65562-X.
1999, 114 Seiten mit 79 Abbildungen. 88,– DM

283 **Rechnergestützte Gestaltungsvorgaben und Dialogbausteine für grafische Benutzungsschnittstellen**
Von Rolf Ilg ISBN 3-540-65579-4.
1999, 144 Seiten mit 51 Abbildungen und 44 Tabellen. 88,– DM

284 **Eine Architektur verteilter Objekte zur Integration von Produktionsinformationssystemen**
Von Thomas Linsenmaier ISBN 3-540-65636-7.
1999, 158 Seiten mit 66 Abbildungen. 88,– DM

285 **System zur dezentralen Planung von Entwicklungsprojekten im Rapid Product Development**
Von Kai Wörner ISBN 3-540-65637-5.
1999, 170 Seiten mit 48 Abbildungen und 16 Tabellen. 88,– DM

286 **Adhäsives Greifen von kleinen Teilen mittels niedrigviskoser Flüssigkeiten**
Von Karl-Borries Bark ISBN 3-540-65638-3.
1999, 116 Seiten mit 58 Abbildungen. 88,– DM

Die Bände sind im Erscheinungsjahr und in den folgenden drei Kalenderjahren zu beziehen durch den örtlichen Buchhandel oder durch Lange & Springer, Otto-Suhr-Allee 25–28, 10585 Berlin.